云和降水物理学

周筠珺　　赵鹏国　　达选芳　编著
伍　魏　李晓敏　翟　丽

气象出版社
China Meteorological Press

内容简介

本书针对云和降水物理学中的基本概念、关键科学问题及解决问题的核心技术方法,进行了较为系统和全面的介绍。全书分为7章:第1章介绍了云和降水的基本概念;第2章介绍了云和降水微物理学物征;第3章介绍了云和降水的动力学特征;第4章介绍了降水的主要过程;第5章介绍了云和降水过程的探测;第6章则介绍了云和降水过程的数值模拟;第7章介绍了人工影响天气的技术和方法。

本书内容丰富翔实、介绍简明扼要、方法明确实用,可作为大气科学类本科生及研究生的专业教材或参考资料,也可供广大人工影响天气科技工作者参考。

图书在版编目(CIP)数据

云和降水物理学 / 周筠珺等编著. -- 北京 : 气象出版社,2016.8

ISBN 978-7-5029-6376-7

Ⅰ.①云… Ⅱ.①周… Ⅲ.①降水-大气物理学
Ⅳ.①P426.61

中国版本图书馆 CIP 数据核字(2016)第 179293 号

Yun he Jiangshui Wulixue

云和降水物理学

出版发行:气象出版社

地　　址:北京市海淀区中关村南大街 46 号　　　**邮政编码**:100081

电　　话:010-68407112(总编室)　010-68409198(发行部)

网　　址:http://www.qxcbs.com　　　**E-mail**:qxcbs@cma.gov.cn

责任编辑:李太宇　　　　　　　　　　　　　**终　审**:邵俊年

责任校对:王丽梅　　　　　　　　　　　　　**责任技编**:赵相宁

封面设计:博雅思企划

印　　刷:北京中新伟业印刷有限公司

开　　本:787 mm×1092 mm　1/16　　　　　**印　　张**:11

字　　数:290 千字

版　　次:2016 年 8 月第 1 版　　　　　　　　**印　　次**:2016 年 8 月第 1 次印刷

定　　价:40.00 元

前　言

众所周知,几乎所有的人类活动都会或多或少地受到天气的影响,因此天气的干湿状态就会备受人们的关注;而云与天气干湿状态则有着直接的联系。云的物理过程,特别是其中的微物理过程,在特定的气象条件下决定着是否会产生有效的降水。

自然界的云和降水总是会唤起诗人对它们的关注。我国唐代诗人杜甫所写的《春夜喜雨》就是一个很好的例证:

好雨知时节,当春乃发生。
随风潜入夜,润物细无声。
野径云俱黑,江船火独明。
晓看红湿处,花重锦官城。

英国诗人雪莱也写了以《云》为题的诗:

我是大地和水的女儿,
我是天空的孩子;
我穿越了大海和岸边的每一条缝隙;
我虽时常在变化,但我却不曾消失;
大雨过后,清风徐徐,阳光普照,碧空如洗;
我暗自得意于自己的伟大;
我走出滂沱的大雨,
如初生的婴儿,似飘荡的幽灵;
我悄然离去,了无踪迹。

云和降水与人类的生活息息相关,人们在想方设法地去了解云和降水变化规律的同时,也想通过设计精巧的方法去影响云,有望可以趋利避害地"改变"天气;此外,人类在工农业生产活动中所产生的大气污染物,通过云的微物理过程对天气又产生了诸多的负面影响。如果人们想要尽可能地避免产生这些不利的影响,还需要对产生这些影响的原因做充分的了解。

本书共包括七章,主要内容分别是云和降水的基本概念、云和降水微物理学特征、云和降水的动力学特征、降水的主要过程、云和降水过程的探测、云和降水过程的数值模拟,以及人工影响天气的技术和方法。本书在编写过程中力求反映学科发展基本历程,同时兼顾介绍云和降水研究中所取得的新进展,旨在较为全面地介绍云和降水物理学中的关键科学问题及解决问题的基本方法。

本书是在国家"973"项目(项目编号:2014CB441401)、北京市自然科学基金重点项目(项目编号:8141002)、四川省教育厅科技成果转化重大培育项目(项目编号:16CZ0021)、2015 年成都信息工程大学本科教材建设项目以及南京信息工程大学气象灾害预报预警与评估协同创新中心的共同资助下完成的,在此一并表示感谢。

参与本书编著的主要有周筠珺、赵鹏国、达选芳、伍魏、李晓敏、翟丽。郭旭审校了全书。此外,张元龙、刘恒、成鹏伟、徐燕参加了书稿的校订工作。由于编著者水平有限,加之编著时间局促,书中遗漏及错误之处在所难免,敬请读者不吝赐正。

编著者

2016 年春于成都

目　　录

前言

第1章　云和降水的基本概念 …………………………………………………………（ 1 ）

1.1　人类对云和降水的研究历史 …………………………………………………（ 2 ）

1.1.1　对云的研究 ……………………………………………………………（ 2 ）

1.1.2　对降水的研究 …………………………………………………………（ 5 ）

1.1.3　我国对云和降水物理过程研究的开拓性工作 ……………………（ 7 ）

1.2　云的基本特征 …………………………………………………………………（ 8 ）

1.2.1　云的形成 ………………………………………………………………（ 9 ）

1.2.2　对于云基本特征的观测 ………………………………………………（ 11 ）

1.2.3　云粒子形成的主要物理过程 …………………………………………（ 11 ）

1.3　降水的基本类型 ………………………………………………………………（ 22 ）

1.3.1　产生降水的动力及热力条件 …………………………………………（ 22 ）

1.3.2　液态降水 ………………………………………………………………（ 23 ）

1.3.3　固态降水 ………………………………………………………………（ 24 ）

1.3.4　降水的区域性特征 ……………………………………………………（ 26 ）

1.3.5　降水按时间分类的特征 ………………………………………………（ 26 ）

1.3.6　按产生机制对降水主要的分类 ………………………………………（ 28 ）

习题 ……………………………………………………………………………………（ 28 ）

参考文献 ………………………………………………………………………………（ 29 ）

第2章　云和降水微物理学特征 ………………………………………………………（ 30 ）

2.1　云凝结核的核化过程 …………………………………………………………（ 30 ）

2.1.1　云滴均质核化的相变热力学 …………………………………………（ 30 ）

2.1.2　云滴的异质核化过程 …………………………………………………（ 32 ）

2.1.3　云凝结核 ………………………………………………………………（ 35 ）

2.2　冰核的核化过程 ………………………………………………………………（ 36 ）

2.2.1　冰晶均质核化 …………………………………………………………（ 36 ）

2.2.2　冰晶异质核化 …………………………………………………………（ 37 ）

2.2.3　大气冰核 ………………………………………………………………（ 39 ）

2.3　水成物粒子的增长 ……………………………………………………………（ 40 ）

2.3.1　云滴的凝结增长 ………………………………………………………（ 40 ）

    2.3.2　冰晶的凝华增长 ……………………………………………（44）

　习题 ………………………………………………………………………（46）

　参考文献 …………………………………………………………………（46）

第3章　云和降水的动力学特征 ………………………………………（47）

　3.1　大尺度云与降水系统的动力学特征 ………………………………（47）

　　3.1.1　层状云形成过程及其动力学 …………………………………（47）

　　3.1.2　锋面云系及其动力学特征 ……………………………………（50）

　3.2　中、小尺度天气系统的动力学特征 ………………………………（59）

　　3.2.1　雷暴 ………………………………………………………………（59）

　　3.2.2　雷暴的生命史和动力学特征 …………………………………（61）

　　3.2.3　飑线及其动力学特征 …………………………………………（64）

　习题 ………………………………………………………………………（74）

　参考文献 …………………………………………………………………（74）

第4章　降水的主要过程 ………………………………………………（76）

　4.1　暖云降水机制 ………………………………………………………（76）

　　4.1.1　碰并增长 …………………………………………………………（76）

　　4.1.2　雨滴谱 ……………………………………………………………（80）

　　4.1.3　雨滴的繁生 ………………………………………………………（80）

　4.2　冷云降水机制 ………………………………………………………（83）

　　4.2.1　固态降水粒子特征 ……………………………………………（83）

　　4.2.2　固态降水粒子的增长 …………………………………………（85）

　　4.2.3　冰质粒的繁生过程 ……………………………………………（87）

　　4.2.4　降水率与云的降水效率 ………………………………………（88）

　4.3　冰雹的形成过程 ……………………………………………………（89）

　　4.3.1　冰雹的结构特征 ………………………………………………（89）

　　4.3.2　冰雹的干、湿增长机制 ………………………………………（91）

　习题 ………………………………………………………………………（92）

　参考文献 …………………………………………………………………（92）

第5章　云和降水过程的探测 …………………………………………（93）

　5.1　气溶胶粒子的测量 …………………………………………………（93）

　　5.1.1　气溶胶 ……………………………………………………………（93）

　　5.1.2　测量方法 …………………………………………………………（95）

　5.2　云凝结核的测量 ……………………………………………………（97）

　　5.2.1　云凝结核 …………………………………………………………（97）

　　5.2.2　测量方法 …………………………………………………………（98）

　　5.2.3　基于云凝结核测量的研究 ……………………………………（100）

5.3　冰核的测量 ……………………………………………………（101）

　　5.3.1　大气冰核 …………………………………………………（101）

　　5.3.2　测量方法 …………………………………………………（102）

　　5.3.3　基于冰核观测的研究 ……………………………………（105）

5.4　雨滴谱及霰谱的测量 …………………………………………（106）

　　5.4.1　雨滴谱和霰谱 ……………………………………………（106）

　　5.4.2　测量方法 …………………………………………………（109）

　　5.4.3　基于雨滴谱和霰谱的研究 ………………………………（111）

5.5　降水过程的探测 ………………………………………………（113）

　　5.5.1　卫星监测 …………………………………………………（114）

　　5.5.2　机载监测 …………………………………………………（116）

　　5.5.3　雷达探测 …………………………………………………（119）

　　5.5.4　雨量计 ……………………………………………………（124）

　　5.5.5　水汽探测 …………………………………………………（125）

　　5.5.6　雷电监测 …………………………………………………（127）

5.6　小结 ……………………………………………………………（128）

习题 ……………………………………………………………………（128）

参考文献 ………………………………………………………………（129）

第 6 章　云和降水过程的数值模拟 ……………………………………（133）

6.1　云模式 …………………………………………………………（133）

　　6.1.1　一维积云模式 ……………………………………………（133）

　　6.1.2　二维模式 …………………………………………………（134）

　　6.1.3　三维模式 …………………………………………………（135）

6.2　中尺度模式 ……………………………………………………（136）

6.3　宏微观观测资料在模式中的应用 ……………………………（138）

　　6.3.1　观测资料作为模式的初始场 ……………………………（138）

　　6.3.2　观测资料在模式中的同化应用 …………………………（139）

　　6.3.3　微物理观测资料在模式中的应用 ………………………（139）

习题 ……………………………………………………………………（140）

参考文献 ………………………………………………………………（140）

第 7 章　人工影响天气的技术和方法 …………………………………（142）

7.1　人工增加降水 …………………………………………………（143）

　　7.1.1　人工增加降水原理 ………………………………………（144）

　　7.1.2　人工增加降水技术与方法 ………………………………（147）

7.2　人工防雹 ………………………………………………………（156）

　　7.2.1　冰雹概念 …………………………………………………（156）

　　7.2.2　人工防雹原理 ……………………………………………（158）

7.2.3 人工防雹技术与方法 ……………………………………… (160)

7.3 人工影响天气的效果检验 …………………………………………… (162)

7.3.1 基本方法介绍 ……………………………………………… (163)

7.3.2 综合检验技术方法 ………………………………………… (165)

7.4 小结 …………………………………………………………………… (166)

习题 ………………………………………………………………………… (167)

参考文献 …………………………………………………………………… (167)

第 1 章　云和降水的基本概念

　　云是由大量的液态水滴，或者水滴冻结成的冰晶以及各种化学物质组成的气溶胶，这些滴或者粒子悬浮在地球表面之上的大气中。在地球上的大气层中，当空气冷却、水汽凝结时，云就会因饱和空气形成而出现。

　　在最靠近地球表面的大气层（即：对流层）中，云的各类型的命名都沿用了英国人卢克·霍华德（Luke Howard）在 1802 年 12 月所提出的方法。该方法于次年得以发表公布，其已成为现代国际划分或命名不同高度或形状的云及云系的基础。

　　简而言之，如果云的形状是非对流性水平分层的，且较为稳定，就可命名为层状云（stratiform）；如果空气块部分轻微不稳定，或存在有限的对流性特征，则为层积云（stratocumuliform）；以上两种类型的云都存在于不同的高度，即：低、中、高云。当云的高度较高，在云的名称前面分别可加两个前缀，即：alto（高）及 cirro（卷）。薄的丝状卷云（部分偶尔较厚），通常在对流层较高的部位稳定或部分不稳定的大气中出现。而较不稳定的大气中通过自由对流更易形成高度较低的及多层的块状积云。较强的不稳定气块或因气旋造成抬升而形成的雷暴云，其垂直方向可发展到较高的高度。当需要表示云复杂的物理结构及其变化时，就可以加上诸如：cumulo（积状，如高度不稳定的雷暴云）、cumulonimbiform（积雨云，高度不稳定的雷暴云）及 nimbo（Nimbostratus 雨层云，稳定且多层的，具有足够的垂直高度，可产生中到大雨）。这些类型间还存在交叉的分类，最终形成具体的云的分类。

　　在气象上，对于降水的定义是大气中的水汽凝结后在自身重力的作用下，以不同的形式降落到地面上的水物质。降水的形式主要有：毛毛雨，雨，雨夹雪，雪，霰和冰雹。当含有水汽的一部分大气达到饱和后，水汽凝结而降落，便形成降水。因此对于同样是水汽凝结而形成的雾，因为没有降落到地面上，就不是降水，而是水汽凝结（华）悬浮物。空气的冷却和空气中增加水汽，这两个过程相互影响可导致空气中的水汽饱和。降水是在雨滴在云内与云滴、小雨滴或者冰晶碰并而形成的。

　　在所有天气系统中锋面是主要的产生降水的系统之一。如果水汽充足且有上升运动存在，降水便会从对流云（如积雨云）中降落下来，且会形成一条狭长的雨带。当冬季较冷的气旋移动到较暖的水体（如湖面）上方，也会形成降雪，有时甚至会形成局地的暴风雪。在山区，降水往往在迎风坡处形成，而背风坡却往往较为干燥，常有沙漠形成。季风槽及热带辐合带的移动常会造成大范围的雨季的到来。降水是全球水分循环中的重要一环，通过降水淡水又重新储存到地球上。地球上每年的降水量约为 505 000 km³，其中约有 398 000 km³ 降落在海面上，107 000 km³ 降落在陆地上。全球的平均年降水量为 990 mm，其中陆地上平均年降水量为 715 mm。在气候分类系统上降水量是重要的参考因素之一。即便是时至今日，准确地确定全球的平均降水量也是十分困难的，降水并不像温度这样的状态量，它是变化明显的通量，具有较大的不确定性。

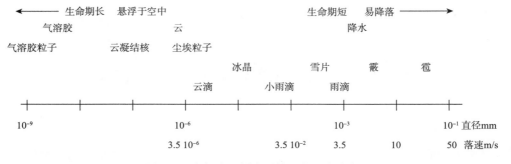

图 1.1　大气中不同类型粒子的尺度分布

　　云粒子为各类水成物粒子,云粒子的一部分最终形成了降水。由图 1.1 可知大气中存在着多种类型的粒子,其中最小的气溶胶粒子直径是纳米量级,而最大冰雹的直径可达到几十厘米。因此大气中粒子尺度变化范围为 8 个数量级,其质量变化范围为 20 个数量级,而它们的下落末速度与其直径的平方成正比。非常小的粒子不会降落下来,只有通过与较大粒子的碰撞才有可能降落。通常大粒子较少,但一旦形成降水便会快速出现。

1.1　人类对云和降水的研究历史

1.1.1　对云的研究

　　从现有的气象学的文献上看,云和降水物理学是其中的新兴分支学科。对于云和降水过程的定量研究是从 1940 年以后才真正开始的。但是我们已有理论的起源实际上可以追溯到更早的研究上去。

　　古时候,人们对于云的研究从来都不是孤立进行的,一般是与天气的基本状态或者现象,甚至是其他自然科学相结合而进行研究的。公元前 11 世纪周朝的《诗经·小雅·信南山》中有“上天同云,雨雪雰雰”,已经将降水与云的形状联系起来了。公元前 475 年战国时的《管子·侈靡篇》“云平而雨不甚。无委云,雨则遫已。”则进一步说明了从云到降水的机制。而公元前 239 年《吕氏春秋》中对云也有了较为详细的记述,其中“山云草莽,水云鱼鳞,旱云烟火,雨云水波”对云已经开始分类。西汉(公元前 202 年)帛书《天文气象杂占》和唐代(618 年)的《占云气书》还绘制了初步的云图。

　　公元前 340 年,古希腊哲学家亚里士多德(Aristotle)便著有《气象学》一书,该书是以天气和气候为主,还包含有其他自然科学知识的著作。书中较早地提到了云及降水等名词,特别是提出了气象学的概念[1]。而在 De Mundo(也称为《亚里士多德假说》)中,对云和降水都有较为详细的描述[2]。过了些年,他的学生泰奥弗拉斯托斯(Theophrastus)又著了一本关于天气预报的书,命名为《征兆》,在该书中将月晕及日晕等现象纳入了天气预报的指示因子。亚里士多德和泰奥弗拉斯托斯的著作对西方天气及其预报的研究的影响持续了将近 2000 年,在这一影响的过程中,建立的关于云的形成和特性的理论多数都是建立在简单推理的基础上的。

卢克·霍华德　　　　　　　让·巴普蒂斯特·拉马克
(1772—1864年)　　　　　　　(1744—1829年)

图 1.2　云分类工作的奠基人

　　真正对云进行科学研究的当属英国人卢克·霍华德(Luke Howard,1772—1864 年)和法国人让·巴普蒂斯特·拉马克(Jean Baptiste Lamarck,1744—1829 年),而希尔德布兰德·希尔德布兰森(Hildebrand Hildebranson,1838—1925 年),是第一个利用照片对云进行分类和研究的学者。其中霍华德是一位有条理的观察者,且有着坚实的拉丁文基础。1802 年他利用他的优势,对对流层中的各类云进行了较为明了的分类,同时他认为对于云的分类是有利于天气预报实施的基础工作。在同一年,拉马克也独立开展了云的分类工作,他使用法文对云分类,但最终其命名方法并不成功。相比较而言,霍华德使用的学术界较常用的拉丁文,他的命名方法在其于 1803 年发表后,便得到了迅速的推广。1891 年国际气象大会开始采纳"霍华德命名标准",该标准中是以三种云为基础的,即:卷云、积云和层云,通过交叉又出现了新的云的类型。

　　1840 年德国气象学家路德维格·克拉格斯(Ludwig Kaemtz)在霍华德的基础上,又在"霍华德命名标准"中引入了层积云的概念,其兼具层云及积云的特征;此后,1880 年哥本哈根艺术学院的业余气象学家菲利普·沃尔巴赫(Philip Weilbach)又在该标准中增加了积雨云。

　　1890 年,奥托·杰西(Otto Jesse)首次在对流层之上的中间层又发现了(noctilucent clouds)夜光云。三年后,亨瑞克·莫恩(Henrik Mohn)在平流层中又发现了珠母云(nacreous clouds)。1896 年 WMO 的前身 IMO 批准开始使用云图。

　　人们对云和降水粒子的微物理结构进行研究经历了较长的时间,特别是对于结构较为复杂的固态粒子而言更是如此。理查德·阿斯曼(Richard Assmann,1845—1918 年)是于 1884 年率先利用显微镜对云滴进行综合研究的学者。对云中固态粒子最早的研究实际上是在公元前 1358 年商代的中国人。罗伯特·胡克(Robert Hooke,1635—1703 年)是第一个利用显微镜研究雪晶的人。美国的威尔逊·本特利(Wilson Bentley)与日本的中谷宇吉郎(Nakaya Ukichiro1900—1962)分别于 1931 年及 1954 年发表了相当完整的雪晶照片集。范·布克(von Buch,1774—1853 年)是较早研究冰雹结构的人。

约翰·艾特肯
(1839—1919年)

阿尔玻特·卫甘德
(1882—1932年)

图 1.3　云物理研究先驱

图 1.4　阿尔玻特·卫甘德实验用的气球及吊筐[3]

对于云中水成物粒子形成过程的研究而言,苏格兰气象学家约翰·艾特肯(John Aitken,1839—1919 年)的工作较为突出。他通过简易的扩散云室做了大量的实验。通过实验他得到的结论是:如果大气中没有尘埃粒子,就不会有霾、雾、云,因此也就可能没有雨。霍丁·科勒(Hilding Khler,1888—1982 年)在艾特肯的基础上,则进一步指出了吸湿性的海盐粒子更易成为云凝结核,它的存在大大降低了云滴形成所需的饱和水汽压的阈值。阿尔玻特·卫甘德(Albert Wigand,1882—1932 年)通过气球观测实验则指出,凝结核主要源于陆地,同时强调大气中存在大量的可供云形成的凝结核。阿尔弗雷·韦格纳(Alfred Wegener,1880—1930 年)对冰核进行了研究,他认为冰晶是水汽在非水溶性的尘埃粒子上凝华的结果。卫甘德则认为冰晶是过冷水在非水溶性凝结核上冻结的结果。克拉斯坦诺(Krastanow,1908—1977 年)通过理论研究也证实了卫甘德的结果。

这些研究关注的更多的是云粒子的个体特性,却没有指出云作为一个整体是如何形成的,也没有回答为什么有些云会形成降水,而有些却不行。

1.1.2　对降水的研究

最早的降水理论是由詹姆斯·胡顿(James Hutton,1726—1797 年)建立的。他认为,降水是两块不同温度的湿润空气混合后的结果。显然,该理论并不能完整地解释降水过程。因为降水过程涉及明显的水的相态变化。海因里希·鲁道夫·赫兹(Heinrich Rudolf Hertz,1857—1894 年)于 1884 年较完整地描述了湿空气块上升的物理过程,即:尚未饱和的"干阶段"、饱和水汽及水共存的"雨阶段"、饱和水汽、水及冰共存的"雹阶段"、只有水汽和冰共存的"雪阶段"。

雷诺(Renou,1815—1902 年)于 1866 年首次指出冰晶对于雨滴的形成有着重要的作用,韦格纳于 1911 研究认为,低于 0℃ 时冰晶与过冷水滴不可能共存。托尔·贝吉龙(Tor Bergeron,1891—1977 年)于 1933 年指出,由于过冷云滴与冰晶在云中呈胶性不稳定,冰晶通过消耗过冷水不断长大,最终冰晶降落形成降水,而这一降水形成的过程也被瓦尔特·芬德森(Walter Findeisen,1909—1945 年)所认可。因此,这一机制也称为"Wegener-Bergeron-Findeisen"降水机制。科勒于 1927 年给出了较为完整的冰雹增长理论,冰雹是冰晶达到一定的尺度阈值后碰冻过冷水滴生长而成的。

托尔·贝吉龙　　　　　　阿尔弗雷德·瓦格纳
(1891—1977年)　　　　　　(1880—1931年)

图 1.5　冷云主要微物理过程的发现者

菲利普·雷纳德(Philipp Lenard,1862—1947 年)认为,云滴通过碰并过程不断地增长,而云滴可能带有电荷,云滴之间的静电力还会阻止云滴之间的碰并,碰并增长超过一定尺度的云滴会破碎,而破碎后的云滴会重新通过碰并继续增长,这样也就进入了云滴的"链式反应"快速增长的过程,这对于从云滴到雨滴的变化而言是十分重要的过程。

　　与 1940 年以前云和降水物理缓慢发展形成鲜明对比的是此后该学科发展很快,这与 1939—1945 年军事活动对于气象研究要求越来越高有直接的关系。战时各国培养了大量的气象工作者,同时出现了大量的包括飞机、雷达在内的新的观测手段。1946 年文森特·谢夫尔(Vincent Schaefer)与埃尔文·朗缪尔(Irving Langmui)开始尝试利用干冰在层云中播撒,从而引起冰晶快速增长,通过人为的方法影响云和降水。此外计算机、卫星、火箭及可控的云室和风洞的运用也极大地推动了该学科的发展。这一阶段的快速发展,并不是以基本理论突破为特征的,更多的是对原有理论的量化和实验验证研究为主的。

　　云和降水的物理过程实际上是包括宏观和微观两个方面,其中的云的宏观物理特征,更应称其为云的动力过程,它给云的微物理过程提供了基本环境条件,这些条件限制着微物理过程发生的速度和时间。例如,云滴的增长总是伴随着大量潜热的释放,进而影响了云体的运动,同时云中水汽会发生蒸发,这些反过来又会影响云的生命期的长短。

　　从微物理的角度上看云与降水的差别更多的只是尺度和相态上的差别。但就降水研究而言需要从全球的水分循环上来加以了解该问题。

　　事实上,降水是全球水分循环中的重要一环。看一下地球大家就可以知道地球上的水分主要分布于海洋。地球上每年的蒸发量大约为 500 000 km³,这其中大约有 86% 源于海洋表面,而只有大约 14% 源于陆地表面[4]。海洋表面上蒸发量的 90%,会以降水的形式又回到海洋,而剩下的 10% 则以降水的形式回到了陆地;而后者中的 2/3 留在陆地上循环,而剩下的 1/3 则通过陆地径流回到海洋。由此也可以看到全球温度的变化会带来与之高度相关的饱和水汽压的变化,进而会影响全球的蒸发和降水[5]。全球的蒸发量主要与海洋、气温和输送水汽的气流等的特性有着密切的关系,而这些因素的变化会对地球上陆地的降水带来明显的影响。根据地面观测得到的降雨和降雪汇集成的降水资料对于评估全球的水资源、了解水与能量循环,以及评估气候对植被和生态系统的影响都是十分重要的。

　　世界上第一张全球范围的降水量分布图是 20 世纪初由爱德华·布鲁克纳(Eduard Bruückner)给出的。直到 50 年后克里斯汀·穆勒尔(Christian Möller)才绘制了全球降水量的季节变化图。又过了 25 年,贾格尔(Jaeger)做出了里程碑式的工作,即分月给出了全球降水量的分布图。尽管贾格尔的全球降水量的图是手绘的,但他给出了格点数据,以至于他的图被广泛地应用了很长的时间。又过了 10 年,被评估过的全球范围内的 25000 个雨量计站点气候长期平均资料,被第一次经质量控制后用于客观地分析全球降水量的分布特征。此后由世界气候研究计划(WCRP)执行的全球降水气候项目(GPCP),利用陆地上的格点化雨量计资料及海洋上的卫星反演资料,于 1993 年给出了数字化的全球降水量的月分布图。

　　降水在时间和空间的分布上均具有显著的差异性,特别是全球范围内的极端降水量可能比全球平均降水量大 100 倍(例如:全球年平均降水量为每天 2.7 mm,而地球上曾观测到的日最大降水量为 1825 mm)。因此就一个地区进行平均降水量及其时间变化的分析是十分困难的工作。表 1.1 给出了曾经观测到的全球范围内不同时间间隔内的最大降水量记录。

表 1.1 全球不同时间间隔最大降水量记录

时间间隔	总降水量(mm)	降水强度(mm/d)	观测时间(年.月.日)	观测地点
1 分钟	38	54 720	1972.11.26	瓜德罗普岛
3 分钟	63	30 240	1911.11.29	巴拿马
8 分钟	126	22 680	1920.5.25	德国
20 分钟	206	14 832	1889.7.7	罗马尼亚
1 小时	401	9619	1975.7.3	中国
6 小时	840	3355	1975.8.1	中国
24 小时	1825	1825	1952.3.15—16	留尼汪岛
5 天	4301	860	1980.1.23—27	留尼汪岛
31 天	9300	300	1861.7.1—31	印度

对于降水准确预报是十分困难的,这是由于云及降水的形成和发展过程都是十分复杂的。不同的因素,特别是水汽分子和水滴对云和降水的微物理和动力过程都有明显的影响,此外地球表面的水分进入大气的过程也会影响云和降水的形成,这些对于预报而言,都会存在较大的不确定性。

对降水进行预报的工作可追溯到 1904 年威廉·皮耶克尼斯(Vilhelm Bjerknes)在德国莱比锡大学大气物理学院工作时,其利用质量、能量及动量守恒的基本物理规律,对天气进行描述,并对降水做相应的预报。皮耶克尼斯建议地面和各高度层上的大气观测数据植入数值模式中,以便进行天气预报。刘易斯·弗赖伊·理查森(Lewis Fry Richardson)于 1922 年将皮耶克尼斯的提议付诸实施,但他的结果并不理想。

与云和降水物理研究发展过程类似,直到二战结束后得益于计算机技术的迅速发展,于 1948 年开始了通过计算机进行 24 小时的天气预报。但是尽管如此,对于诸如近地面气温、降水或云量等的预报依然无能为力。在上个世纪五十年代末,理查森的原始模式被进一步做了大量的修改。发展到 1975 年,欧洲中尺度天气预报中心在伦敦开始利用模式进行业务预报,其目的是增加全球天气预报的能力,且时效性一到两周以上。

随着计算机技术的发展,新的数值模式也将快速发展。而大气探测水平的进步也是十分重要的因素。正如卫星提供大量的大气观测资料,其中在热带地区尤为如此。而更重要的是将这些观测资料同化到模式中,可以大大地提高降水预报的准确率。

尽管到目前为止,人们就在云和降水物理的研究方面已经取得了长足的进步,但是云和降水物理的研究一直以来都是十分困难的,因为这里的研究不仅涉及分子尺度的核化现象,同时也有几百到几千公里的动力过程,而且二者之间的关系也是十分复杂的。

1.1.3 我国对云和降水物理过程研究的开拓性工作

我国对云和降水物理过程进行科学而严谨的研究始于 20 世纪 60 年代,逐步开始重视对于云和降水的直接观测,观测主要集中于冰核、云滴谱、雨滴谱、冰雪晶,以及冰雹等方面。例如游来光与赵剑平等[6,7]对我国北方冰核进行了尝试性的观测,结果发现冰核浓度与温度有近似的指数关系;顾震潮、洪钟祥及许焕斌等[8-10]针对我国南方层积云与积云,及北方层云进行了较长时间的云滴谱的实际观测,并逐步发现了不同天气背景下云滴谱的变化特征;顾震潮等[11]通过观测初步划分了雨滴谱的基本类型,后来阮忠家[12]又针对不同的降水类型着重分析了雨滴谱的特征;孙可富等[13]较早观测了降水性层状云中的冰雪晶;徐家骝等[14]通过冰雹切片研究了雹胚的特征。而对于与云和降水有密切联系的气溶胶是在 20 世纪 70 年代,我国才逐渐开展起来的。这些开拓性的工作为我国云雾物理的研究奠定了很好的基础。

顾震潮
(1920—1976年)

图 1.6　我国云和降水物理
过程研究的奠基人之一

1.2　云的基本特征

　　云从其物理特性上可定义为气溶胶,它是由悬浮于大气中看得见的小水滴、冰晶,或者二者的混合物的聚合体。地球的大气层中(特别是其中的对流层)存在着大量微小的吸湿性粒子,这些粒子浓度会因时间和地点的变化而有所差异。当水汽在这些粒子上凝结时,云就形成了。初始的云滴很小,只有其质量增加上百万次,云滴才会降落到地面形成雨。

　　云滴的增长主要源于单个云滴之间的碰并;但当冰晶在较高的云中形成以后,在其下落之前运动的过程中,通过"收集"其他的冰晶和液滴而快速增长。有一些云的降水过程会通过单一的液滴碰并而形成;这种情况往往出现在产生较大降水量的海洋性降水中。另外一些云的降水,是以冰晶的增长为前提的,并在此基础上产生了明显的降水;这些云通常则出现在内陆。对于尺度较大的云而言,无论它在哪里生成,冰晶的增长都是十分重要的。而冰晶在降水中的真正作用仍需要通过切实的观测才可以确定。迄今为止,绝大多数增加降水和改变云性状的工作,都是通过影响降水中冰晶的微物理过程而完成的。这是因为冰晶的形成是降水产生的触发机制,同时其生消过程较构成云主体的液滴更易被影响。

　　云的形成主要依赖于大气中有充足的水汽,当空气块被抬升而冷却后,会有水汽凝结。影响云产生的这些因子主要是由地形以及大尺度的天气过程(例如高低压系统的移动及锋面过境等)。可降水的云存在不同的形式,比如其中有可产生大范围持续性中等雨强降水的云,也有范围小持续时间短但雨强较大的云。目前我国云的分类有 3 族 10 属 29 类,如表1.2。

表 1.2　中国云的分类

云族	云属(genera)	云类(species)	主要的水成物粒子
		中文名(简写)/拉丁文名	
低云<2500 m	积云(Cu)Cumulus	淡积云(Cu hum)Cumulus humilis	雨、雪、霰
		浓积云(Cu cong)Cumulus congestus	
		碎积云(Cu fra)Cumulus fractus	
	积雨云(Cb)Cumulonimbus	秃积雨云(Cb calv)Cumulonimbus calvus	雨、雪、霰、雹
		鬃积雨云(Cb cap)Cumulonimbus capillatus	
	层云(St)Stratus	层云(St)Stratus	雨、雪、雪粒
		碎层云(St fra)Stratus fractus	
	层积云(Sc)Stratocumulus	透光层积云(Sc tr)Stratocumulus translucidus	雨、雪、雪丸
		蔽光层积云(Sc op)Stratocumulus opacus	
		积云性层积云(Sc cug)Stratocumulus cumulogenitus	
		堡状层积云(Sc cas)Stratocumulus castellanus	
		荚状层积云(Sc len)Stratocumulus lenticularis	
	雨层云(Ns)Nimbostratus	雨层云(Ns)Nimbostratus	雨、雪
		碎雨云(Ns fra)Nimbostratus fractus	
中云 2500~5000 m	高层云(As)Altostratus	透光高层云(As tr)Altostratus translucidus	雨、雪、冰丸
		蔽光高层云(As op)Altostratus opacus	
	高积云(Ac)Altocumulus	透光高积云(Ac tr)Altocumulus translucidus	冰晶、雪、霰
		蔽光高积云(Ac op)Altocumulus opacus	
		积云性高积云(Ac cug)Altocumulus cumulogenitus	
		堡状高积云(Ac cas)Altocumulus castellanus	
		荚状高积云(Ac len)Altocumulus lenticularis	
		絮状高积云(Ac flo)Altocumulus floccus	
高云>5000 m	卷云(Ci)Cirrus	毛卷云(Ci fib)Cirrus fibratus	冰晶
		密卷云(Ci dens)Cirrus densus	
		伪卷云(Ci not)Cirrus nothus	
		钩卷云(Ci unc)Cirrus uncinus	
	卷层云(Cs)Cirrostratus	毛卷层云(Cs fib)Cirrostratus fibratuszh	冰晶、霰
		薄幕卷层云(Cs nebu)Cirrostratus nebulosus	
	卷积云(Cc)Cirrocumulus	卷积云(Cc)Cirrocumulus	冰晶、霰

1.2.1　云的形成

　　从宏观的物理学角度看,云的形成首先是大气中应当含有水汽,其次是这些水汽要有条件通过凝结、冻结或凝华达到饱和(如图 1.7 所示)。云形成充足的水汽主要来源于地球表面各类水体及蒸发的降水;而达到饱和的主要物理机制包括冷却及混合,其中冷却包括由绝热上升及与地球表面接触造成的冷却,混合则包括气块混合及垂直混合。绝热上升较为复杂,至少包括因层结不稳定造成的浮力上升(如:对流及辐合)及因地形和锋面等系统造成的强迫抬升。通过大气热力或动力过程将水汽输送到水汽饱和的高度,云就形成了。

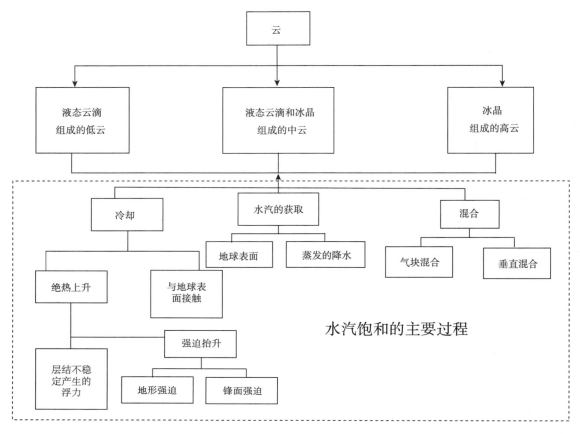

图 1.7　云形成的主要宏观物理学机制

从物理角度看,大气中的水汽要达到饱和可以通过增加水汽含量及降低温度到露点温度,通过蒸发进入大气中水汽主要是在大气低层,因此增加大气中的水汽含量并非水汽达到饱和的主要条件,而实际大气中主要是通过降低温度达到大气中水汽饱和的。大气的混合是可以增加水汽或引起降温的。

云的形成最初以向上的热通量及水汽通量通过羽状结构的上升气流开始的,其典型的水平尺度为 200～500 m,其高度可达地面以上 1 km;而这种热动力特征可以通过飞机水平飞行测量的温度变化了解这种大气的羽状结构。而羽状结构的上升及湍流运动使得其中的温度快速变化,且其变化幅度在 0.5～1℃,这已远远超过羽状结构之间下沉气流的温度变化幅度。在地面 50 m 以上,尽管可以通过温度的变化特征来识别对流产生的上升气流,但是在地面几米以上很难找到产生辐合的痕迹。垂直涡度热通量、湿度通量和动量通量可以通过飞机空中飞行时每秒钟数次测量的温度、湿度和速度来进行计算。对流云的发展还会因冷平流流过温暖的海面而发展,其详细的结构目前尚且了解得不够清晰,其中由于白天海—气温度差比陆地上的要小很多,因此向上的热通量通常也较小。

由于得益于艾特肯的研究结果,1880 年以后人们已经了解到通常凝结现象都是发生在大气中各高度上自由漂浮的气溶胶粒子上,但是并非所有的气溶胶粒子都可以活化为云的凝结核,其中只有非常小的一部分可以参与云的形成。气溶胶粒子活化为云凝结核的不仅与温度降低的速率有关,同时与粒子的尺度谱及化学成分也有直接的关系。例如:海洋性的云容易产生降水,而陆地性的云则不易,这与两个区域中由云凝结核尺度谱及水汽条件的差异有直接的关系。

1.2.2　对于云基本特征的观测

由于云和天气之间存在着明显的联系,所以对云的观测是气象观测中的不可缺少的一部分。

对于云的观测主要包括以下几个部分:

(1)云的类型

大气中具体云的类型,即需给出在表1.2中所对应的云类。

(2)云量

天空中被云所遮盖的份数,具体包括:(a)晴(无云或云的份数小于1/10);(b)少云(云量在1/10~6/10之间);(c)多云(云量在6/10~9/10)、(d)阴(云量超过9/10)。

(3)云高

从地面到云底的高度,而云幕高度则是地面到测量时最低云类的高度。测量云高有以下几种方法:

(a)气球测量

从地面释放一个气象观测用的气球(图1.8),气球以定常的速度 v 向上运动,测量气球从地面到进入云的时间 t,便可以测量云高 h,而 $h=vt$。这一方法主要是在白天使用,而夜晚使用时需要在气球上携带一个光源。这一方法主要用于低云的观测,当云底较高时这一方法便不再适用。

(b)光测量

从地面向云底垂直地打一束光,如图1.9所示,其中角度 θ 和距离 d 是可以测量的,而云高 $h=d\tan\theta$。

(c)飞行员报告

飞行员在飞行过程中通过目测后形成的报告。

(4)云的移动方向

通过雷达及卫星的观测确定云移动的方向。

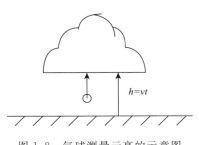

图 1.8　气球测量云高的示意图

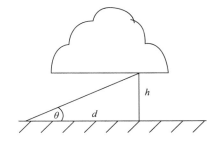

图 1.9　光测量云高的示意图

1.2.3　云粒子形成的主要物理过程

云中各类型的粒子在形成过程中涉及一些基本的物理过程,这些对于认识云的本质都是十分重要的。

（1）含有水汽空气的热力学特性概述

对于任何的平衡系统而言，其熵可由下式表示：

$$S = S(U, V, N_1, \cdots, N_i) \tag{1.1}$$

其中 U 为内能，V 为系统的体积，N_i 为系统中第 i 种组分的摩尔数。而假设熵是内能的单调递增函数，且无其他约束条件时，也可以下式表示它们之间的关系。

$$U = U(S, V, N_1, \cdots, N_i) \tag{1.2}$$

对于单位摩尔或单位质量而言，方程可以写为：

$$U = U(S, V, N_1, \cdots, N_r)$$

其中

$$dU = (\partial U / \partial S)_{V, N_i} dS + (\partial U / \partial V)_{S, N_i} dV + \sum_i (\partial U / \partial N_i)_{S, V} dN_i \tag{1.3}$$

而在该系统中有：

$$T \equiv (\partial U / \partial S)_{V, N_i}, \, p \equiv -(\partial U / \partial V)_{S, N_i}, \, \mu_i \equiv (\partial u / \partial n_i)_{s, v}$$

i 为电化学势。

则（1.3）可以写为：

$$dU = TdS - pdV + \sum_i \mu_i dN_i \tag{1.4}$$

$$U = TS - PV + \sum_i \mu_i N_i \tag{1.5}$$

$$dU = TdS + SdT - pdV - Vdp + \sum_i \mu_i dN_i + \sum_i N_i d\mu_i \tag{1.6}$$

结合（1.4）则有

$$SdT - Vdp + N_i d\mu_i = 0 \tag{1.7}$$

此即为 Gibbs-Duhem 方程。

对于理想单原子气体则有

$$p = \frac{2}{3} UV^{-1}, \, T = \frac{2}{3} U(NR)^{-1} \tag{1.8}$$

其中气体常数 $R = 8.314$ J(K·mol)$^{-1}$。

自由能（Helmholtz potential）

$$F = U - TS \tag{1.9}$$

焓的方程如下：

$$H = U + PV \tag{1.10}$$

Gibbs 函数

$$G = U + PV - TS$$

对于等熵过程而言，在一个闭合的系统中则有：

$$dU + pdV = 0 \tag{1.11}$$

等熵过程通常也称为绝热过程。

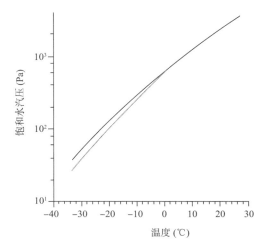

图 1.10　温度与过饱和水汽压之间的关系

(相对于液面(黑色实线)及冰面(虚线)饱和水汽压与温度的关系)

对于云的形成而言,大气中饱和条件的发展是必要的条件。

$$\frac{(\mathrm{dln}e_s)}{\mathrm{d}T} = \frac{l_V}{R_V T^2} \tag{1.12}$$

此即为 Clausius-Clapeyron 方程。

$$RH = \frac{e}{e_s(T)} \tag{1.13}$$

此为相对湿度。

$$s \equiv \frac{e - e_s(T)}{e_s(T)} = RH - 1 \tag{1.14}$$

此即为过饱和度。

(2)相对于各类表面的饱和

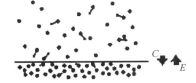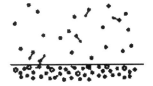

图 1.11　液体与水汽之间的平衡饱和水汽压的形成

图 1.11 中左边的图表示水汽分子不断地变化相态,但是当进入液面的分子数量与离开液面的分子数相等时(即水汽凝结的速度 C 与蒸发速度 E 相等时)就达到了平衡状态;中间的图表示在一个弯面上,由于其表面张力更大,水汽分子要凝结需要比平面更大的水汽压;右边的是溶液表面,由于存在溶质,凝结的水汽分子都被用于稀释溶质,因而水蒸发的机会减小了,因此在达到平衡状态时所需的水汽压也相应地变小了。

(3)相对于曲面的饱和

曲面的表面张力

$$\sigma \equiv \frac{\partial U_\sigma}{\partial \Omega}\bigg|_{S_\sigma, N_\sigma} \tag{1.15}$$

曲面的变化为：

$$\mathrm{d}\Omega = (2/a)\mathrm{d}V_l \tag{1.16}$$

对于一个闭合的系统而言，$\mathrm{d}S=\mathrm{d}N=\mathrm{d}V=0$。

$$(T_V - T_\sigma)\mathrm{d}S + (T_l - T_\sigma)\mathrm{d}S_l - \left(p_V + 2\frac{\sigma}{a} - p_l\right)\mathrm{d}V_V + (\mu_V - \mu_\sigma)\mathrm{d}N_V + (\mu_l - \mu_\sigma)\mathrm{d}N_V = 0 \tag{1.17}$$

$$T_V = T_l = T_\sigma = T, \mu_V = \mu_l = \mu_\sigma = \mu, p_V + 2\frac{\sigma}{a} = p_l, \mathrm{d}p_V + \frac{2\sigma}{a^2}\mathrm{d}a = \mathrm{d}p_l \tag{1.18}$$

当水分子在界面达到平衡，即饱和状态时两种状态下的 Gibbs 函数应当相等（对于单一组分的 Gibbs 函数为 $G = S\mathrm{d}T - V\mathrm{d}p$），$gv = gl$。

$$(S_V - S_l)\mathrm{d}T = (v_V - v_l)\mathrm{d}p \tag{1.19}$$

对于曲面而言有：

$$(S_V - S_l)\mathrm{d}T = (v_V - v_l)\mathrm{d}p - \frac{2\sigma}{a^2}\mathrm{d}a \tag{1.20}$$

当饱和时，温度为常数，则有：

$$\mathrm{d}e_s = \frac{-2\sigma}{a^2}\left(\frac{v_l}{v_V}\right)\mathrm{d}a = \frac{-2\sigma}{a^2}\left(\frac{\rho_V}{\rho_l}\right)\mathrm{d}a \tag{1.21}$$

$$\ln\left(\frac{e_s(a,T)}{e_*}\right) = \int_\infty^a \frac{de_s}{e_s} = \int_\infty^a \frac{-2\sigma}{\rho_l R_v T}\frac{\mathrm{d}a}{a^2} \tag{1.22}$$

则有

$$e_s(T,a) = e_*(T)\exp\left(\frac{2\sigma}{a\rho_l R_v T}\right) \tag{1.23}$$

此即为开尔文方程，由此可见对曲面而言，水汽压强烈依赖于表面曲率的大小。

（4）溶液效应

由拉乌尔定律（Raoult's law）可知：

溶液的压力为：

$$p = \sum_i = x_i p_i^* \tag{1.24}$$

其中 x_i 为摩尔份数，$x_i = n_i / \sum_i n_i$，p_i^* 为纯物质的饱和压。

$$e_w(x) = x_w e_* = \left(\frac{n_w}{n_w + n_s}\right)e_* \approx \left(1 - \frac{n_s}{n_w}\right)e_* \tag{1.25}$$

其中 n_s 为溶质的摩尔数，n_w 为液态水的摩尔数。

水活力：

$$a_w = \exp\left(-v\frac{n_s}{n_w}\Phi_s\right) \tag{1.26}$$

其中 v 为关联因子，Φ_s 为实际渗透系数。

$$e_s(a,x_w) = e_* a_w \exp\left(\frac{2\sigma}{a\rho_l R_v T}\right) = e_* \exp\left(\frac{2\sigma}{a\rho_l R_v T} - v\frac{n_s}{n_w}\Phi_s\right) \tag{1.27}$$

由上式可知，溶液的饱和水汽压减小了。

（5）滴的扩散增长

由菲克（Fick）定律

$$\frac{\partial n}{\partial t} = D \nabla^2 n = \nabla \cdot (D \nabla n) \qquad (1.28)$$

其中 n 为水汽浓度，D 为水汽扩散系数，而 n 为 R 的函数，即 $n = n(R)$。水汽浓度梯度是由水汽通量散度决定的，则有下式：

$$J_n = D \nabla n \qquad (1.29)$$

对于球坐标系统则有

$$J_n = D \frac{\mathrm{d}n}{\mathrm{d}R} \qquad (1.30)$$

在稳定在状态中，通过半径为 R 的球面的分子通量为一个常数，即

$$R^2 J_n = \mathrm{const} \qquad (1.31)$$

$$\frac{\mathrm{d}n}{\mathrm{d}R} = \frac{\mathrm{const}}{R^2} \qquad (1.32)$$

假设积分条件为：$n(R = \infty) = n_\infty$，$\lim_{R \to r} n(R) = n_r$。

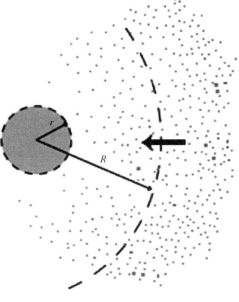

图 1.12　半径为 r 的滴的扩散增长示意图
（R 为控制区域的半径）

则积分后稳定状态的水汽浓度则有：

$$n(R) = n_\infty - (n_\infty - n_r) \frac{r}{R} \qquad (1.33)$$

因此在稳定状态下，水分子通过半径为 R 的球面的通量为：

$$4\pi R^2 J_d = 4\pi R^2 D(n_\infty - n_r) \frac{r}{R^2} \qquad (1.34)$$

对于滴质量的变化则有：

$$\frac{\mathrm{d}m}{\mathrm{d}t} = 4\pi R^2 D(n_\infty - n_r) \frac{r}{R^2} m_{H_2O} = 4\pi r D(\rho_{v,\infty} - \rho_{s,r}) \qquad (1.35)$$

其中 m_{H_2O} 为水汽分子质量。

由上式可知，当远离滴的水汽密度比滴附近的大时，液滴便会以扩散增长的方式增长，如图 1.12 所示。且增长的速度与滴半径及扩散系数成正比。

半径为 r 的滴的质量为：$m = \frac{4\pi}{3} r^3 \rho_l$，则其质量变化为 $\mathrm{d}m = 4\pi \rho_l r^2 \mathrm{d}r$：

$$\frac{\mathrm{d}r}{\mathrm{d}t} = \frac{D}{r\rho_l}(\rho_{v,\infty} - \rho_{s,r}) = \frac{1}{r} \frac{D}{R_v T \rho_l}(e_\infty - e_r) = \frac{1}{r} \frac{D e_*}{R_v T \rho_l} \left[S - \exp\left(\frac{A(T)}{r} - \frac{B_s}{r^3}\right) \right]$$

$$(1.36)$$

（6）重力碰并

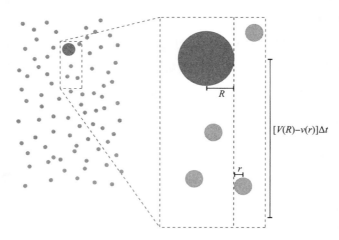

$$[V(R)-v(r)]\Delta t$$

图 1.13　重力碰并示意图
（大粒子的半径为 R，小粒子的半径为 r）

大粒子的半径为 R，下落速度为 U_∞；小粒子的半径为 r，下落速度为 u_∞。时间内，大粒子可能与下列体积内（1.37）的小粒子发生作用。

$$(R+r)^2 \parallel U_\infty - u_\infty \parallel \tag{1.37}$$

则大粒子质量的改变为：

$$\Delta M = N_r \pi (R+r)^2 \parallel U_\infty - u_\infty \parallel \Delta t \left(\frac{4}{3}\pi r^3 \rho_l\right) \tag{1.38}$$

其中 N_r 为小粒子数。

由上式则有：

$$\frac{\mathrm{d}M}{\mathrm{d}t} = N_r \pi (R+r)^2 \parallel U_\infty - u_\infty \parallel \left(\frac{4}{3}\pi r^3 \rho_l\right) \tag{1.39}$$

设碰撞的体积函数为：

$$K(R,r) = \pi (R+r)^2 \parallel U_\infty(R) - u_\infty(r) \parallel E_c(R,r) \tag{1.40}$$

其中 $E_c(R,r)$ 为大粒子的碰撞效率函数。

$$\frac{\mathrm{d}M}{\mathrm{d}t} = \int \left(\frac{4}{3}\pi r^3 \rho_l\right) K(R,r) n(r) \mathrm{d}r \tag{1.41}$$

（7）暖云及滴谱的演变

对于暖云降水过程存在着这样一个问题，即最大的滴要达到多大才能启动碰并过程？已有观测表明当云中平均的滴谱体积半径达到 $15\sim20\ \mu m$ 降水就可以发生。

对于宽滴谱而言，如果其滴的平均半径为 $15\ \mu m$，那么其中就会有很多滴的半径超过 $30\ \mu m$，其数量会超过平均半径为 $20\ \mu m$ 的窄谱中的半径超过 $30\ \mu m$ 的滴。暖云降水的关键就是需要有足够多的大滴。

（8）雨滴下落过程中形状的变化

由图 1.14 可知,首先雨滴不会出现形如图中"A"的形状,当雨滴的直径小于 2 mm 时,其形状则接近于球形如"B";随着雨滴尺度的增加,其底部逐渐会变平如"C",当直径在 2～5 mm 之间时并从扁球形逐渐变成降落伞形"D",当大于 5 mm 时雨滴则会破碎如"E"。

（9）水及冰的分子结构

图 1.15 给出了水分子结构图,冰晶的结构依赖于水分子的结构,即两个氢原子与一个氧原子,两个氢原子的角度为 104.5°,这种电偶极矩对于水汽成为温室气体有着重要的影响。

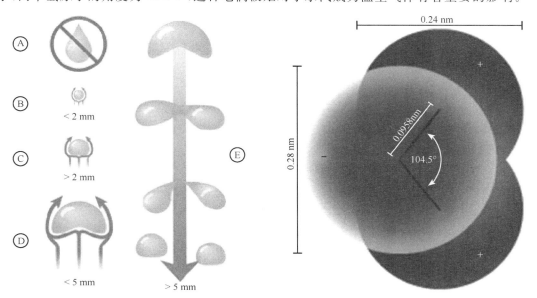

图 1.14　雨滴在下落过程中的形状及其变化　　　　图 1.15　水分子结构图

（10）冰相均质核化

液水直接冻结或水汽直接凝华形成冰,此即为冰的均质核化。由液水的表面张力效应可知,均质核化时的冰胚必须达到一定的阈值尺度;当冰胚尺度小于阈值尺度时,就必须通过增加自由能而增加尺度,进而从液相转变为冰相。而涉及相变的自由能变化如下:

$$\Delta G = - N(\mu_l - \mu_i) + A\sigma_{l_i} \tag{1.42}$$

其中 N 为分子数,A 为分子表面积,l_i 为液相和冰相之间的表面自由能（表面张力）,为化学势。

$$N = \frac{4}{3}\pi\alpha r^3 n_i \tag{1.43}$$

r 为有效尺度,n_i 为单位冰相体积内的分子数,$\alpha > 1$ 为冰胚的形状参数（冰胚不为球形）。

同样的则有:

$$A = 4\pi\beta r^2 \tag{1.44}$$

$$\Delta G = - \frac{4}{3}\pi\alpha r^3 n_i kT\ln(e_*/e_i) + 4\pi r\beta^2\sigma_{l_i} \tag{1.45}$$

化学势定义为:

$$kT\ln(e) \tag{1.46}$$

e_* 为液面饱和水汽压,e_i 为冰面饱和水汽压,水汽压仅为温度的函数。其中 k 为玻尔兹曼常数。

有效尺度的阈值可通过 $G/r=0$ 来求。

$$r_* = \frac{2\sigma_{li}}{n_i kT\ln(e_*/e_i)}\left(\frac{\alpha}{\beta}\right) \tag{1.47}$$

因此,均质核化冰胚的尺度是随着温度的增大而减小的,温度越低则冰胚尺度的阈值就越大。

液滴冻结成冰均质核化温度为 $-38℃$,而水汽凝华成冰均质核化温度要低于 $-60℃$,且过饱和率 (e_*/e) 要达到 15。

表 1.3　各类雪板[15]

棱柱体	实心柱	鞘状	卷轴板	三角形
六角板	空心柱	杯状	有柱板	十二角星
星形板	子弹玫瑰	帽形柱	分裂板或星	放射形板
扇形板	单个子弹	帽形多柱	骨骼形态	放射形枝
星形	单针	帽形子弹	双柱	不规则

续表

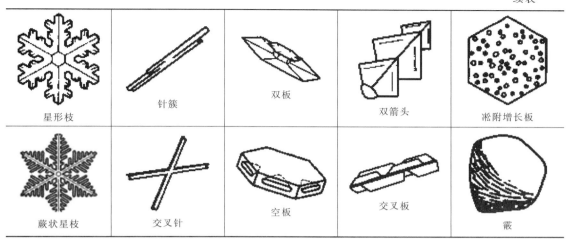

星形枝	针簇	双板	双箭头	凇附增长板
蕨状星枝	交叉针	空板	交叉板	霰

（11）冰相异质核化

小水滴自由地在没有杂质的空气中下落，一般要在温度低于－35℃以后才有可能出现冻结的现象，但是大气中总是存在一些特殊的颗粒物可以帮助冰晶在较高的温度中形成。自然界冰面水汽压低于均质核化所要求的冰面过饱和水汽压的情况下，冰也是可以形成的；这一现象说明可能有某种"催化剂"可以促进气态或液态的水形成冰，而一些小的颗粒物或气溶胶粒子可能就是这种"催化剂"。但是对于核化成冰的这些"催化剂"而言，其分子结构必须要与冰的十分接近，且不溶于水。因此，因非水成物粒子存在，在高于均质核化温度可形成初始冰晶，这样的粒子称为冰核。

表 1.4　不同类型的冰异质相核化

核化类型	主要过程		核化条件	结果
凝华冻结			$\dfrac{e}{e_i}>1$	
凝结冻结			$T<T_*^d$	
接触冻结			$T<T_*^i$	
浸入冻结			$T<T_*^i$	

　　一般而言,有四种主要的冰相异质核化的机制,其中两种是最基本的,即:水汽通过在冰核物质上凝华成冰及液水在冰核上的凝冻成冰。但是冰核究竟是如何与过冷水接触进而成为冰核的? 这是值得研究的基本问题。特别是需要搞清楚凝结、浸入及接触冻结之间的差别。若冰核在没有被浸润之前,其与过冷水接触就会更加有效;因为接触活化温度比浸入的要高,即:。

　　实际上,大气中较难形成冰,而过冷水却较常见;凝华成冰的概率也是较小的。

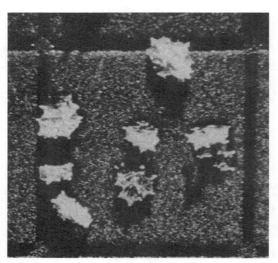

图 1.16　 -20℃时在冰核上生成的冰晶

(引自澳大利亚科学院 CSIRO 云物理研究组的 1973 年的工作结果)

(12)冰晶的增长

冰晶的扩散增长理论

冰晶的扩散增长基本上与液滴的扩散增长是相同的。

$$n(R) = n_\infty - (n_\infty - n_r)\frac{C}{R} \tag{1.48}$$

其中 C 为各种形状冰晶所荷的电容。

表 1.5　不同形状冰晶的电容

冰晶形状	电容 C	备注(a、b 为球形体的主轴和副轴)
球形	r	
板状	$\dfrac{2}{\pi}r$	
扁球体	$A\epsilon[\arcsin]^{-1}$	$\epsilon^2 = 1 - \dfrac{b^2}{a^2}$
椭球体	$A\left[\ln\left(\dfrac{a+A}{b}\right)\right]^{-1}$	$A^2 = a^2 + b^2$

冰晶扩散增长质量变化的方程:

$$\frac{\mathrm{d}m}{\mathrm{d}t} = 4\pi C\left(\frac{S-1}{F_D + F_K}\right) \tag{1.49}$$

F_D、F_K 分别为动力及通风因子。

(13)冰晶的下落末速度

冰晶的下落末速度可以下式表示：

$$u_\infty(D) = \alpha D^\beta \tag{1.50}$$

α、β 为冰晶的特性因子，D 为有效水物质的直径。

(14)冰晶的聚并增长：

冰晶的聚并过冷液滴及冰晶的增长，其质量的变化可由下式表示：

$$\frac{\mathrm{d}M}{\mathrm{d}t} = \frac{E\pi}{4}\left(\frac{\pi}{6}\rho_i\,\overline{n_d d^3}(D+d)^2\left[u_\infty(D) - u_\infty(d)\right]\right) \tag{1.51}$$

其中 $\frac{\pi}{6}\rho_i\,\overline{n_d d^3}$ 为被主滴聚并的滴的质量浓度，而 $(D+d)^2\left[u_\infty(D) - u_\infty(d)\right] \approx D^2 u_\infty(D)$ 为聚并效率。

表 1.6 带卷云中测量到的冰晶尺度随高度的分布特征[16]

（15）抬升凝结高度（LCL）

抬升凝结高度是不饱和的湿空气块通过绝热抬升到相对于纯水水平面饱和的高度。在抬升的过程中湿空气块的混合比及位温保持不变。当气块抬升到凝结高度时云就很容易形成了。

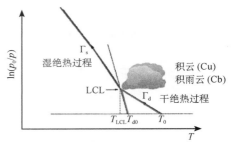

图 1.17　云形成的层结条件

1.3　降水的基本类型

降水主要源于降雨、降雪、雨夹雪、降落的冰晶及冰雹等，或者上述降水类型的混合物，这些类型的降水通常是在气象站利用设在地面的降水量计进行测量。此外，降水也有可能是植被拦截或储存的云或雾引起的。指向地面的水通量也可能是大气中的水汽在地面的凝结形成的露，或雾凇及霜的升华引起的。植被的拦截和露水，并没有直接的有针对性地测量，其在全球水分循环中所占的份额尽管很小，但是对于沙漠植被及高海拔的森林而言还是很重要的。

在全球范围内几乎所有的国家都因气象、水文及气候研究建立了相应的雨量计观测网络。世界气象组织给出的全球实际工作的雨量计站点超过了 400 000 个。但是真正可施行国际间资料交换的站点只有将近 7000 个，这些站点主要用于天气预报。目前国际上并无统一制式的雨量计。雨量计在测量时与其他仪器都会存在系统误差，这些误差主要缘于雨量计上方的风场变化（其中固态降水更易受到影响）、降水在容器中的蒸发，因此对降水量必须进行误差订正。降水量的获得率（CR）与订正因子（CF）存在以下关系：

$$CR = 1/CF \tag{1.52}$$

表 1.7　我国内陆地区降水量的等级

等级	小雨	中雨	大雨	暴雨	大暴雨	特大暴雨
降水量(mm/(24 h))	0.1～9.9	10.0～24.9	25.0～49.9	50.0～99.9	100.0～249.9	≥250.0

从物理上看，降水量是一个质量通量（单位：$kg/(m^2 \cdot s)$）；而在气象学、气候学、农业和水文上，降水量通常被定义为给定的观测时间间隔内降水的深度。此外，还有降水强度、总降水量、降水率、降雨率等。典型的降水量的单位为每分钟、小时、日、月、季的毫米数。降水深度则描述的是每 1 m^2 水平面积上降水的"升"数。历史上降水曾利用水桶进行简单的测量。降水强度则是较短的时间间隔内（通常短于 1 小时）的降水量。

降水量的单位转换如下：

$$1(l) = 1 \text{ kg} \tag{1.53}$$

$$1 \text{ mm/d} = 1 \text{ l}/(m^2 \cdot d) \tag{1.54}$$

$$1000 \text{ mm/a} \approx 83.3 \text{ mm/mon} \approx 2.74 \text{ mm/d} \tag{1.55}$$

降水通过由大气中水汽的凝结和地表面的蒸发引起的潜热的垂直通量对全球能量循环也有所贡献。降水质量通量 2.74 mm/d 对应着 79.3 W/m^2 能量通量。

1.3.1　产生降水的动力及热力条件

含有水汽的空气快速冷却以达到水汽饱和状态，是大气中产生降水的重要过程。对流层中空气抬升可使其明显地降温冷却,而造成空气抬升的主要过程包括动力及热力的作用,其中动力的作用主要有风切变、天气系统抬升、地形动力及湍流;而热力的作用则主要有热力扰动、潜热及辐射作用。

(1)风切变

尽管在不同的尺度天气系统中,风切变发展的特点各不相同,但它们对于其中的降水的发生和维持都有重要的作用。例如在对流风暴中,风切变使得上升气流倾斜,避免了与下沉气流的相互作用,使对流风暴得以维持,进而使降水持续发生。又如在大范围的降水能够在与风切变相伴而生的斜压中发生,因为斜压可使垂直涡度明显增强。再如具有强降水的冷锋中的中尺度对流系统的发展也有赖于垂直风切变的产生。

(2)天气系统抬升

低空气流的水平辐合是降水产生的重要条件,而锋面气旋、低槽及切变线可造成大范围低空气流的水平辐合。大尺度的天气系统引起的垂直运动对于小尺度的云及降水发展也有明显的作用。

(3)地形动力

地形对于中小尺度的天气系统会产生明显的强迫抬升作用,进而会影响成云和降水的过程。较大的地形会使得云中水成物粒子的增长时间延长,降水易落在迎风坡。较小的地形会使得天气系统中水成物粒子生长的时间较短,降水易落在背风坡。

(4)湍流

大气中湍流运动对于云中水成物粒子而言,可以增加其在暖云过程中相互碰并的几率。

(5)热力扰动

对流天气系统的发生有赖于下垫面干湿及冷热的基本状况。高湿热的下垫面状态易于激发强对流的发生。

(6)潜热

在对流天气系统中,水成物粒子因为相态变化而释放潜热会使云和降水发展进程更快。而与此相对应的冰雹在下落过程中融化吸热造成的冷却效应对于强对流天气系统中的下击暴流则有一定的加强作用。

(7)辐射

一般而言,长波辐射会使得云底增温,而云顶降温,这有利于对流的发展;长波辐射有利于通过从地面的输送增加云中含水量,而对于云顶附近的冷云过程又可以增加其中霰粒子的含量,这些对降水的形成都是十分有利的。短波辐射由于加热了云顶,对于整个对流的作用更趋于负效应。

1.3.2　液态降水

(1)雨、小雨和冻雨

雨和小雨并无本质的区别,其主要差异在于雨滴的尺度,雨所涉及液滴的直径通常为 5～6 mm 之间,而小雨的液滴直径为 0.2～0.5 mm 之间,它们的下落末速度在每秒 70～200 cm 之间。小雨通常是从较低的层云中降落下来的,并常伴有雾和低能见度。雨滴的直径通常大于 0.5 mm,但很少超过 6 mm,因为太大的滴在下落过程中会破碎。小的雨滴几乎是球形的,但是较大的滴在下落的过程底部会变得较平。雨滴的下落末速度从最小的每秒 2 m 到最大的每秒 10 m。

在暴雨期间,雨滴往往都比小雨时的尺度大,最大的雨滴可以达到 6 mm,特别是在暴雨的初期会更多一些。

当雨滴下落通过低于 0℃ 的空气层时,雨滴会变得过冷,这时冻雨或过冷的小雨便会发生。冻雨以液态的形式下落,当落到地面或物体上时会发生冻结,并在它们的表面上形成光滑的表面,这些会影响行人及交通的安全。

(2)地面液态降水(露)

露是水汽在地球表面凝结成的水滴,特别容易在草叶上形成。晴朗稳定无雾天气的夜晚,当地面及植被的温度降低到露点温度时,露就容易形成。

露也可以形成可观的降水量。例如,在英格兰平坦的地表,露在一年中可形成 10～30 mm降水量。在中纬度的欧洲由露形成的降水一年大约为 10 mm,而在南非这个值大约为 40 mm。在温暖湿润的热带地区,露形成的机会更多,它们会从屋顶及树叶上落到地面上。

在北欧的芬兰,露一晚上可以产生 0.1～0.2 mm 的降水,在芬兰一年中温暖的季节中露产生的降水量可占总降水量的 1.5%～3%左右。

露多数出现在云量为 30%～50% 之间,及相对湿度为 60%～80% 之间时。

除了露以外,还有"液膜",它是在有风的阴天在冷的垂直的表面上形成的,特别是在长时间的低温天气过后,暖湿平流的到来会使"液膜"在迎风面的冷表面(如建筑物、墙面、树或栅栏)上形成。

1.3.3 固态降水

固态降水比液态降水的类型更多,主要包括雪、雪丸、冰丸及雹等。同样与液态降水类似的,也有在物体表面形成的固态降水。

(1)雪

雪是以冰晶的各种形式从大气中降落固态降水。雪是由冰晶形成的雪板、星、枝、针等及其合成体。雪粒子的尺度一般在 1 mm 到几厘米之间。当温度较高,但风速较低时,雪粒子尺度会较大。雪粒子的下落速度是其形状及温度的函数,在静止的空气中它们的变化范围为每秒 0.1～2 m。

雪多数会从层积云、高层云及积雨云中降落下来。按尺度分,雪粒子有微粒子(<5 mm),小粒子(5～15 mm),大粒子(>15 mm)。雪板降落速度<0.1 m/s～>0.8 m/s,枝状与星状雪粒子的降落速度为 0.5～1 m/s,针状及柱状的雪粒子的降落末速

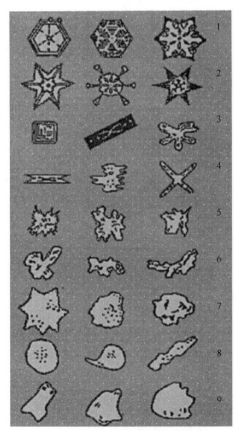

图 1.18 国际上固态降水的主要分类[17]

1. 薄六角板、2. 枝状晶体、3. 柱状、4. 针状、5. 分枝变形、6. 不规则晶体、7. 雪丸(霰)、8. 冻雨、9. 雹

度为每秒数厘米,雪丸及冰丸的下落末速度为 1~2.7 m/s。

降雪强度通常是以单位时间的雪融为水的深度,如每小时的毫米数。弱的降雪强度不超过 0.1 mm/h,多数情况下的降雪强度在 0.1~1 mm/h,强的降雪强度超过 1 mm/h。一般而言,降雪强度与降雪的持续时间呈反比。强降雪持续时间很少超过 1~2 小时的,而弱降雪的时间可持续 24 小时或更长时间。

降雪的形式包括雪夹雨、雨夹雪、小雪、大雪及阵雪,此外还有暴雪及晴天降雪。雨夹雪通常是在地面温度高于 0℃,雨与雪板是分离的并同时降落。雪夹雨是在地面温度接近 0℃,雨滴与雪板呈混合态降落。

层积云及高层云的降雪一般可持续数个小时,而冷锋过境时的积云雨形成的降雪强度暴雪。

有时会出现有颜色的"彩雪",颜色主要来源于矿物质及有机混合物,"彩雪"有棕色及红色的。由于尘埃粒子附着在雪粒子上,或者微生物、水藻在雪上繁殖。"彩雪"多出现在高纬度的春季,特别是当地表部分裸露,而部分覆盖着雪时。

(2)雹、冰丸、雪丸

雹是固态降水的一种,其尺度为直径在 0.5~15 cm,最大的冰雹质量会超过 0.5 kg。形状有球形、锥形或不规则形状等。雹是透明冰层与半透明冰层交替出现的"洋葱结构",层次分明,各层之间厚度大于 1 mm,一般而言透明层略厚于半透明层,中间则有一个称为雹胚的特殊生长中心。

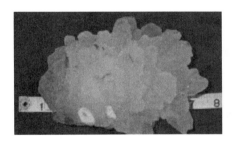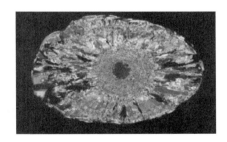

图 1.19　典型大冰雹及冰雹的剖面

冰雹云中的上升气流速度可以高达 50 m/s,当上升气流将雹胚输送到过冷水滴的高浓度区域时,过冷水滴被雹胚大量捕获即容易形成透明层;而雹胚进入过冷水汽的高浓度区域时,则易形成不透明层。此外冰雹在增长过程中会释放潜热,使得冰雹的表面黏性增加,进而在下落的过程中有机会与其他的小冰雹碰并,这样冰雹会形成不规则的形状。冰雹在增长的过程中,无法再被上升气流托住时,便会降落到地面上,且在下落过程中只要不离开就会持续地增长。

冰雹多发生在中纬度的陆地山地区域,热带地区较少出现。如:印度北部、中国内陆山区、中欧、德国西部、法国东部、西伯利亚地区,以及北美的科罗拉多和内布拉斯加等地区冰雹较为常见。

冰丸也是固体降水的一种,是降水天气中小而透明的冰球比冰雹小,不同于霰("软雹"),它落在地上具有弹性。如果在大气中 1.5~3 km 的高度温度高于 0℃,而在 1.5 km 的高度以下温度低于 0℃,这就会使得雪板在下落的过程中在暖层完全或部分地融化,当到达 1.5 km 以下时又会重新冻结成冰丸。

雪丸也可称为霰,或者"软雹",是过冷水滴冻结在雪板上形成的,其尺度为 2～5 mm。雪丸不同于雹或冰丸,WMO 定义小雹为以冰壳封装的雪丸。

（3）地面固态降水（霜、雾凇）

在寒冷湿润的夜晚,当地面或地面物体的温度下降到低于周围湿润空气的露点,直至低至冻结温度时,水汽就会在地面或地面物体上冻结成的易碎的白色晶体,即:霜。

白霜是大气中的水汽直接凝华形成的固体冰。白霜形成的条件是寒冷晴朗的夜晚,相对湿度大于 90%,而温度低于 −8℃,多在风速不大的物体（如电线、植物）的迎风面上形成,霜多数是呈针状的。

黑霜严格意义上并不能称其为霜,它是当湿度很低以至于不能形成真正的霜,但是温度很低会使得植物的组织被冻死,并且变成黑色的。黑霜形成时温度比白霜高,因为在白霜形成时会有潜热释放。

雾凇是在有风、低温且水汽过饱和的条件下,水汽发生缓慢凝华后形成的,如航行在北极附近的船只的索具上通常会形成雾凇。

1.3.4　降水的区域性特征

降水在全球范围内存在明显的不均匀性,主要特点是由赤道向南北半球的高纬度地区逐渐减少,而纬度高于副热带高压带时,在南北半球降水又开始增多,当纬度高于盛行的西风带后,降水量又趋于减少,在两极地区降水较少。

世界上降水最少的地区在南美洲的阿塔卡马沙漠,由于受副热带高气压及沿岸秘鲁寒流的影响,再加之安第斯山对水汽的阻挡,这里气候极干,从 1845—1936 年,91 年间降水量近乎为 0,成为世界"干极"。

位于太平洋正中部的夏威夷群岛中的考爱岛威阿勒山的东北坡,受东北信风的影响,全年雨量连绵不断,大部分降落在山脉东北部迎风坡上,此处被称为世界的"湿极",1920—1972 年的平均年降水量达 11 458 mm,比拥有最高年降雨量纪录的印度的乞拉朋齐的年均降雨量还要高。

1.3.5　降水按时间分类的特征

（1）按年变化特征对降水的分类

（a）热带型

热带存在热带辐合带,其环绕地球呈不连续带状分布,是热带地区重要的大型天气系统之一,其生消、强弱、移动和变化,对热带地区降水天气变化影响极大。此外热带地区还有一些天气系统,如北半球的东风波所对应的辐合区也会造成明显的降水天气。

在热带的陆地区域,降水主要受季风的影响,随季节的变化有南北方向上的变化。在多数的赤道地区全年都有降水,但在纬度上离赤道 10°～20° 之间的区域,当太阳的直射点在另外一个半球时,降水就会较少,呈所谓的"干季"。当低空西风吹过印度北部（即夏季风暴发）时,印度及东南亚便进入"雨季"。在非洲及美洲也存在类似的存在"干季"和"雨季"的区域。

(b)地中海型

冬季时,地中海的水温又相对较高,西风带南移至该区内,西风从海洋上带来潮湿的气流,加上锋面气旋活动频繁,因此气候温暖且降水较多。而夏季时,副热带高压或信风向北移至该区内,气流以下沉为主,再加上沿海寒流的作用,不易形成降水,因此气候干燥炎热。

(c)中纬度大陆型

中纬度大陆是指南北纬 40°～60°之间亚欧大陆、北美大陆及南美东南部。由于这些地区远离海洋,或者受地形的阻挡,水汽难以到达,因而干燥少雨,气候呈极端大陆性。

例如我国的西北地区平均年降水量一般不足 500 mm,属于半干旱区或干旱区。土地荒漠化严重,水土流失严重。其气候特征是:冬冷夏热,年温差大,降水集中,四季分明,年降雨量较少,大陆性气候较强。

(d)中纬度海洋型

中纬度海洋性气候是全年温和潮湿的气候。其特征十分明显:冬暖夏凉,降水平均。分布在纬度 40°～65°之间的大陆西岸。这类气候全年在盛行西风影响下,气旋频繁过境,年降雨量 500～700 mm,在地形有利地区多达 2500 mm 以上。最冷月平均气温在 0℃ 以上,最暖月又低于 22℃,年较差远小于同纬度的内陆与东岸地区。属于这一气候型的有西北欧、加拿大太平洋沿岸、智利南部、澳大利亚东南部、新西兰等小部分。

(e)季风型

副热带高压西侧的暖湿气流给中国东部、日本及美国东部都带来了充沛的夏季降水。相较而言,欧洲、美国西北部及南半球温带区域夏季则较干燥。当海洋上有副热带气旋形成向东传播,这些区域的降水就会主要出现在冬季。

(f)极地型

南极洲和北冰洋以及环绕它们的洋面和陆地的寒冷气候,在北半球大部极地气候区为大陆环绕的永冻水域。冬半年在极夜无太阳辐射。夏半年极昼期间终日太阳不落,但冰雪反射率强。从太阳辐射获得的热量,尚不足以融化冰雪,故夏温仍低。只有大陆边缘部分的夏季气温可达 0°～10℃ 间。其他极区均为低于 0℃ 的永冻气候。南极洲大陆为冰雪覆盖,是全球最冷地区。在沿海和南极圈附近,年平均温度约为 -10℃,内陆地区低达 -60～-50℃。全大陆年降水量自沿海向内陆剧减,平均约为 120 mm。在沿海地区年平均风速达到 15～20 m/s。全年皆冬、降水稀少。

(2)按日变化特征对降水的分类

(a)陆地型

陆地上夏季降水具有明显的区域性日变化特征。例如在中国夏季,东南和东北地区的降水日峰值主要集中在下午,而西南地区降水峰值多在午夜,长江中上游地区的降水多出现在清晨,中东部地区清晨、午后存在双峰,青藏高原大部分地区是下午和午夜峰值并存[18]。

持续性降水和局地短时降水的云结构特性以及降水日峰值出现时间存在显著差异。持续性降水以层状云特性为主,地表降水和降水廓线的峰值大多位于午夜后至清晨,短时降水以对流降水为主,峰值时间则多出现在下午至午夜前。降水日变化涉及对流层低层环流的日变化对降水日变化的区域差异亦有重要影响。

（b）低层环流型

不同尺度的山—谷风、海（湖）—陆风、城市风和大气环流的综合影响，涉及复杂的云雨形成和演变过程，对流层低层环流日变化对降水日变化的区域差异亦有重要影响。

如：海—陆风环流，白天陆地较热，所以海风强，海风被迫沿山坡上升，陆地上常产生云层，白天多雨，最大值出现在下午海风辐合最强的时刻。夜间的陆风强，陆地夜间多晴朗。

1.3.6　按产生机制对降水主要的分类

（1）锋面（气旋）降水

气流沿着锋面辐合上升形成的降水。包括暖锋降水和冷锋降水。其中暖锋降水通常稳定且持续的时间较长，而冷锋降水多为阵性的对流降水。

（2）地形降水

当气流遇到山脉等地物的阻挡时，因上升冷却而造成的降水。有些区域常会受到地形降水的影响，如印度的乞拉朋齐，在季风盛行的季节，印度洋的暖湿气流向北运动，当遇到喜马拉雅山脉时，水汽冷却达到饱和最终形成降水，这里的平均年降水量可以达到 11 440 mm。

（3）对流降水

湿空气在垂直方向上的快速运动或混合所造成的降水，这样的降水往往与雷暴相联系，降水为强度较大的阵性降水，降水粒子包括雨、雪、雹及雨夹雪。

（4）季风降水

由于大陆和海洋在一年之中增热和冷却程度不同，在大陆和海洋之间大范围的、风向随季节有规律改变的风，称为季风。形成季风最根本的原因，是地球表面性质不同，热力反映的差异。由海陆分布、大气环流、大陆地形等因素造成的，以一年为周期的大范围的冬夏季节盛行风向相反的现象，分为夏季风和冬季风。

大陆的降水往往与夏季风的暴发密切相关，大陆的雨季一般始于夏季风暴发，结束于夏季风撤退时。例如中国的雨季与夏季风就有密切的联系。

习题

[1] 试述大气中不同类型粒子的尺度分布特征。

[2] 试分析霍华德对云分类的特点，并说明为什么他的分类法会较为成功。

[3] 试述艾特肯与卫甘德在云物理学研究中的主要贡献。

[4] 什么是"Wegener-Bergeron-Findeisen"降水机制？

[5] 试述云形成的主要宏观物理学机制。

[6] 试述测量云高的主要方法。

[7] 试述相对于曲面的水汽饱和特征。

[8] 什么是溶液效应？试述溶液对饱和水汽压的影响。

[9] 试述产生降水的主要动力及热力条件。

[10] 试述液态及固态降水的主要类型。

[11] 试述降水的按时间分类的特征。

参考文献

[1] Toth Garry and Hillger Don,ed. *Ancient and pre-Renaissance Contributors to Meteorology*. Colorado State University. Retrieved 2014-11-30. 2007.

[2] Aristotle Forster E S.（Edward Seymour），1879—1950；Dobson，J. F.（John Frederic），1875—1947（1914）. De Mundo. p. Chapter 4.

[3] Hergert Wolfram. *Physik im Freiballon*：Forschungen zur Höhenstrahlung und zur Physik der Atmosphäream Physikalischen Institut der Universität Hallein den Jahren 1910—1937,ResearchGet,1993,November ,Doi:10.1002/phbl. 19930491107.

[4] Oki T. The hydrologic cycles and global circulation,in *Encyclopedia of Hydrological Sciences*,edited by Anderson M G and McDonnell J. pp. 13-22,John Wiley,New York. 2005.

[5] Held I M,and Soden B J. Robust responses of the hydrological cycle to global warming,*J. Clim.* ,**19**:5686-5699,doi:10. 1175/JCLI3990. 1. 2006.

[6] 游来光,石安英. 北京地区 1963 年春季冰核浓度变化特点的观测分析. 气象学报,**34**(4):548-554. 1964.

[7] 赵剑平,张滗,王玉玺等. 我国北部地区大气冰核观测的分析研究. 气象学报,**37**(4):416-422. 1964.

[8] 顾震潮. 南岳云雾降水微物理观测（1960 年 3—8 月）结果的初步分析//我国云雾降水微物理特征问题. 北京:科学出版社,2-21. 1962.

[9] 洪钟祥,黄美元. 南岳云滴谱第二极大及其它重要特征//我国云雾降水微物理特征的研究. 北京:科学出版社,18-29. 1965.

[10] 许焕斌. 衡山云雾微结构起伏的初步观测试验. 气象学报,**34**(4):539-547. 1964.

[11] 顾震潮等. 云雾降水微物理的一些理论问题. 北京:科学出版社,pp59. 1963.

[12] 阮忠家. 南岳阵雨雨滴谱连续取样观测（1961 年 8 月）结果初步分析//我国云雾降水微物理特征问题. 北京:科学出版社,58-63. 1962.

[13] 孙可富,游来光. 1963 年 4—6 月吉林地区降水性层状冷云中的冰晶与雪晶. 气象学报,**35**(3):265-272. 1965.

[14] 徐家骝,黄孟容,刘钟灵等. 甘肃岷县地区 1964 年 6—7 月两次冰雹雹谱、雹切片的分析. 气象学报,**35**(2):251-256. 1965.

[15] 引自 http://www. SnowCrystals. com/photos/ph. tos. html.

[16] Heymsfield A J,Lewis S,Bansemer A,*et al*. 2002. A general approach for deriving the properties of cirrus and stratiform ice cloud particles. *J. Atmos. Sci.* ,**59**:3-29.

[17] Borzenkova I I. Types and characteristics of precipitation,hydrological cycle,Vol. II,2012,*Encyclopedia of Life Support Systems*.

[18] 宇如聪,李建,陈昊明,原韦华. 中国大陆降水日变化研究进展. 气象学报,**72**(5):948-968. 2014.

第 2 章　云和降水微物理学特征

　　本章内容主要介绍云和降水粒子的生成和增长过程。从水汽变成水滴或冰晶,主要体现了相态的变化,这种相态的突变,称之为核化过程。本章主要讨论了云滴和冰晶的核化过程,包括只有纯净水汽和液态水情况下,水分子聚集形成液滴或冰晶的均质核化过程,以及在有杂质存在时,水汽分子在核上聚集形成液滴和冰晶的异质核化过程。

2.1　云凝结核的核化过程

　　云滴的形成分为均质核化形成和异质核化形成。在均质核化过程中,影响水汽到液滴的相变过程主要是吉布斯自由能。在异质核化过程主要与过饱和度有关。

2.1.1　云滴均质核化的相变热力学

　　如果在没有杂质和离子的纯净均质核化空气中,水汽凝结成液态云滴胚胎只能依靠水汽分子自身聚合才能形成,该过程即为云滴的均质核化过程。

　　在相变过程中,新相态的出现依赖于亚稳相态中的密度起伏。一些分子聚集成为分子团,这些分子团在维持一段时间后破裂或回到分子状态。由能量最低原理可知,水汽到水滴这个相变过程中,必须保持水滴形成后整个体系能量最低,这样水滴才能稳定。在水汽变为水滴的相变过程中,系统自由能的变化主要是由体积自由能的变化和表面自由能的增加所引起的。生成一个胚滴的吉布斯自由能变化为:

$$\Delta G = -SdT + Vdp + \sigma W' \tag{2.1}$$

公式(2.1)中 G 为吉布斯自由能,S、T、V、p 分别为熵、绝对温度、体积和压强,σ 为表面张力系数,W' 为非膨胀做功。

　　根据吉布斯状态函数的性质可得:

$$\Delta G_T = \Delta G_1 + \Delta G_2 + \Delta G_3 \tag{2.2}$$

式(2.2)中 ΔG_1 为水汽在等温条件下,水汽压由 e 变为 $e_{s,w}$ 时吉布斯自由能的变化,$e_{s,w}$ 为系统温度为 T 时的相对水平面的饱和水汽压;式中 ΔG_2 为等温等压可逆相变过程中吉布斯自由能的变化,$\Delta G_2 = 0$。设水汽为理想气体,液相和气相水分子所含的吉布斯自由能分别为 μ_w 和 μ_v,n 为单位体积液态水中水分子数,凝结导致系统吉布斯自由能的减少为 $nV(\mu_v - \mu_w)$,因此:

$$\Delta G_1 = -nV(\mu_v - \mu_w) = -nkT\ln\frac{e}{e_{s,w}} = -\left(\frac{4}{3}\rho_w r^3 \frac{N_A}{M_w}\right)$$
$$= -\frac{4}{3M_w}\pi\rho_w RTr^3\ln\frac{e}{e_{s,w}} \tag{2.3}$$

式(2.3)中 n、k、N_A、ρ_w、M_w 分别为一个胚滴中的水分子数、Boltzmann 常数、Avogadro 常数、水的密度和水的摩尔质量，R 为气体常数。

ΔG_3 为液态水在常温条件下，由饱和水汽压变为水汽压时的吉布斯自由能的变化：

$$\Delta G_3 = V\mathrm{d}p + \sigma W' \tag{2.4}$$

在等温等压的条件下，吉布斯自由能随气压的变化可忽略不计，因此有：

$$\Delta G_3 = \sigma W' = 4\pi r^2 \sigma_{w,v} \tag{2.5}$$

式(2.5)中 $\sigma_{w,v}$ 为表面张力系数。综合以上三种吉布斯自由能变化分量可知，等温等压条件下生成半径为 r 的小液滴所产生的吉布斯自由能变化为：

$$\Delta G_T = -\frac{4}{3M_w}\pi\rho_w RTr^3\ln\frac{e}{e_{s,w}} + 4\pi r^2 \sigma_{w,v} \tag{2.6}$$

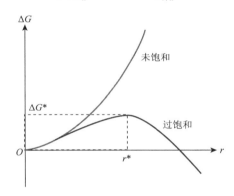

图 2.1　不同饱和条件下，胚滴半径与吉布斯自由能的变化[1]

如图 2.1 所示，当空气未达到饱和状态时，即 $e/e_{s,w} < 1$ 时，吉布斯自由能保持正值，且随着液滴半径的增大而增大，这说明若要在未饱和空气中形成小液滴，液滴的尺度越大，需要的吉布斯自由能也就越大，对于一个系统来说，能量的不断累积不利于平衡状态的实现，因此，胚滴应当蒸发减小半径，直到胚滴蒸发至 $r=0$，以达到平衡状态，那么在未饱和空气中形成小液滴也较难。而当空气达到过饱和状态时，即 $e/e_{s,w} \geqslant 1$ 时，吉布斯自由能随液滴半径的变化有正有负，随着液滴半径 r 的增长吉布斯自由能增大，当半径增长到临界半径 r^* 时吉布斯自由能达到极大值 ΔG^*，之后液滴半径继续增大，吉布斯自由能随着液滴半径的增大而降低。对于小于临界半径 r^* 的小液滴来说，系统会通过减少能量的方式使系统由非平衡态向平衡态转变，液滴半径随着吉布斯自由能减小而减小，具有蒸发的趋势。当小液滴半径达到临界半径 r^* 时，只要再收集一个水汽分子吉布斯自由能就会降低，系统趋于平衡状态，而后小液滴半径增大，直到形成云滴。经典的开尔文方程即为临界半径 r^* 的表达公式：

$$r^* = \frac{2\sigma_{w,v}}{nkT\ln\dfrac{e}{e_{s,w}}} = \frac{2\sigma_{w,v}}{\rho_w RT\ln\dfrac{e}{e_{s,w}}} \tag{2.7}$$

式(2.7)中 $\dfrac{e}{e_{s,w}}$ 为饱和比。通过开尔文方程即可求得，形成一个半径为 r^* 的小液滴所需要超过

的临界吉布斯自由能 ΔG^{*} :

$$\Delta G^{*} = \frac{16\pi\sigma_{w,v}^{3}M_{w}^{2}}{3\left(\rho_{w}RT\ln\dfrac{e}{e_{s,w}}\right)} \tag{2.8}$$

由上式可得,半径为 r 小液滴的平衡水汽压为 E_r,即汤姆逊表达式:

$$E_{r} = e_{s,w}\exp\frac{2\sigma_{w,v}M_{w}}{\rho_{w}RTr} = e_{s,w}\exp\frac{c_{r}}{r} \tag{2.9}$$

当 $T=273\ \mathrm{K}$,$\sigma_{w,v}=0.75\times10^{-7}\ \mathrm{J/mm^2}$,$R=8.314\ \mathrm{J/mol\cdot K}$ 时,$c_r=1.2\times10^{-6}\ \mathrm{mm}$,当 $r\gg10^{-6}\ \mathrm{mm}$ 时将上式通过泰勒公式展开后略去高次项可得:

$$E_{r} = e_{s,w}\left(1+\frac{c_{r}}{r}\right) \tag{2.10}$$

式(2.10)中 c_r/r 为小液滴曲率对饱和水汽压的修正,液滴的半径越小,平衡水汽压越大。由式(2.10)可知,当液滴尺度较小时,要求的过饱和水汽压要非常高,只有较大的液滴才能在一般的过饱和水汽压下存在,而不被蒸发掉。

根据统计物理学玻尔兹曼定律可知,单位体积内半径达到临界半径 r^{*} 的小液滴数为:

$$N^{*} = N_{0}\exp(-\Delta G^{*}/kT) \tag{2.11}$$

式(2.11)中 N_0 为饱和水汽条件下单位体积空气中的水汽分子数,k 为玻尔兹曼常数,ΔG^{*} 为临界吉布斯自由能。

在过饱和条件下,半径为 r^{*} 的水分子团,只要再接受一个水汽分子就可以核化形成小液滴。单位体积内,半径为 r^{*} 的水分子团核化率 J 与水分子团的表面积和水汽分子碰撞率有关:

$$J = ZN^{*}4\pi r^{*2}\frac{e}{\sqrt{2\pi m_{w}kT}} \tag{2.12}$$

式(2.12)中 Z 为凝结系数,量级为 0.01,水分子团的表面积为 $4\pi r^{*2}$,碰撞率为 $\dfrac{e}{\sqrt{2\pi m_{w}kT}}$。

在自然环境中,空气块通过绝热抬升所形成的过饱和度较小,过饱和度很少超过 1%,水汽分子很难凝结形成小水滴,即使水分子聚集形成小液滴,胚滴半径也很难达到临界半径,换言之,在自然界中只依靠均质核化过程是很难形成云滴的。

2.1.2　云滴的异质核化过程

通过以上均质核化的相关内容可知,如果大气中没有杂质,必须要有很高的过饱和度,水汽才能凝结形成水滴,这种水汽自发核化形成水滴的过程很难实现。而在现实大气中,存在大量的气溶胶粒子和离子,气溶胶粒子为汽—粒转化提供了基底,大气中的离子有利于水汽的聚集,将水汽聚集在气溶胶粒子和离子上形成液滴的过程称为异质核化。在这里,我们假设气溶胶粒子为可溶和不可溶两类。

(1)不可溶性粒子核化

不可溶性的粒子只能通过在其表面上吸附水汽形成小液滴。假设不可溶粒子的平面为尺度无穷大的球形粒子,小液滴可看作球形的一部分,粒子表面被水浸润的程度与浸润角 θ 有关,浸润角 θ 为液滴表面切线与下表面相接处的交角。而浸润角与固态与液态水间接触面表

面张力 $\sigma_{w,s}$、水汽和液态水直接的表面张力 $\sigma_{v,w}$ 和固体与气体间表面张力 $\sigma_{w,s}$ 有关:

$$m = \cos\theta = \frac{\sigma_{v,s} - \sigma_{w,s}}{\sigma_{v,w}} \tag{2.13}$$

当浸润角 $\theta = 0°$ 时,$m = 1$,表示液滴与下表面完全浸润,不可溶面为亲水性的;当浸润角 $\theta = 180°$ 时,$m = 0$,表示液滴与下表面完全不浸润,不可溶面为憎水性的。在不可溶性粒子上形成小液滴的核化率与临界饱和比、浸润角以及粒子尺度有关。当浸润角 $\theta = 180°$ 时,即 $m = 0$,饱和比很高,粒子的尺度也较大;随着 m 增大,饱和比和粒子的尺度均减小。在大气中只有亲水性粒子的尺度较大时才能形成小液滴。

(2)可溶性粒子核化

不可溶性粒子核化成小水滴的概率较低,不是理想的凝结核。在大气当中可溶性粒子往往在未饱和条件下即可核化形成小雨滴。可溶性粒子一般由无机盐或有机物构成,如海盐粒子、硫酸盐粒子等,这些粒子都具有吸湿特性。可溶性粒子质量随着相对湿度的增加而增加,并保持固态,当相对湿度到达临界值,可溶性粒子就会吸收水汽变成饱和溶液滴,而这些溶液滴是否继续增长取决于溶液滴的平衡水汽压。

在一定温度下,与溶液保持平衡的水汽中,溶液的饱和水汽压与溶液中水所占的摩尔比成正比。理想溶液的 Raoult 定律为:

$$e_n = e_s(T) \frac{N}{N+n} \tag{2.14}$$

式(2.14)中 e_n 为溶液平水面饱和水汽压,$e_s(T)$ 为纯水平水面饱和水汽压,N 为溶液中水的摩尔数,n 为溶液中可溶性盐的摩尔数。

在非理想溶液中 Raoult 定律则不是严格成立的,$e_n/e_s(T)$ 与可溶性粒子的离解程度有关,这里引入范德霍夫因子 i 以表征可溶性粒子的离解程度,在非理想的溶液中有:

$$e_n = e_s(T) \frac{N}{N+in} \tag{2.15}$$

在稀溶液中,i 为一个溶质分子离解所产生的离子数,如 $(NH_4)_2SO_4$ 为 3,NaCl 为 2,对于溶液浓度足够大时 i 小于一个溶质分子离解所产生的离子数。对于稀溶液,溶质摩尔数 n 较小,Raoult 定律可简化为:

$$\frac{e_n}{e_s(T)} \approx 1 - \frac{in}{N} \tag{2.16}$$

对于半径为 r 的球形溶液滴来说,式(2.16)中 e_n 为溶液滴的平衡水汽压,$e_s(T)$ 为纯水滴的平衡水汽压 e_r,设溶液中可溶性粒子和水的质量分别为 m_1 和 m_2,摩尔质量分别为 M_1 和 M_2,则有 $n = \frac{m_1}{M_1}$,$N = \frac{m_2}{M_2}$,$m_2 = \frac{4}{3}\pi\rho_w r^3$,$m_2 \gg m_1$,简化的 Raoult 定律可变为:

$$\frac{e_n}{e_r} = 1 - \frac{3im_1 M_2}{4\pi\rho_w M_1 r^3} = 1 - \frac{C_n}{r^3} \tag{2.17}$$

式(2.17)中 $C_n = \frac{3im_1 M_2}{4\pi\rho_w M_1}$ 表征了可溶性粒子的特性,随着可溶性粒子的尺度增加和分子量的减小而增大,并与范德霍夫因子 i 成正比。

上式中 e_r 满足开尔文方程,因此式(2.17)可变为:

$$\frac{e_n}{e_s(T)} = \left(1 + \frac{C_r}{r}\right)\left(1 - \frac{C_n}{r^3}\right) \approx \left(1 + \frac{C_r}{r} - \frac{C_n}{r^3}\right) \tag{2.18}$$

进一步可化简为：

$$\Delta S = \frac{C_r}{r} - \frac{C_n}{r^3} \tag{2.19}$$

式(2.18)和式(2.19)即为科勒(KÖhler)方程，该方程是异质核化的重要理论基础，式(2.19)方程右侧第一项体现了 Kelvin 效应的曲率项，右侧第二项为体现 Raoult 效应的溶液浓度项。从科勒方程可以看出，曲率项是要求过饱和度增加，而浓度项是要求过饱和度降低。

对于不同可溶性核质量 m，可作出相对湿度或过饱和度与溶液滴直径 r 的关系曲线，即某种可溶性粒子溶液滴的平衡相对湿度曲线，这就是我们云物理学中的科勒曲线。图 2.2 中给出的是温度为 293 K 不同尺度的 $(NH_4)_2SO_4$ 干粒子在吸收水汽凝结增长的过程中，其溶液滴半径与过饱和度之前的关系。当水汽过饱和度 $\Delta S = 0$ 时，溶液滴直径 $r_0 = \sqrt{C_n/C_r}$。当 $r < r_0$ 时，$\Delta S < 0$，科勒方程中的浓度项起主要作用，溶液浓度越高，要求的过饱和度越低，可溶性核以溶液形式存在，与环境空气达到平衡状态。当 $r > r_0$ 时，$\Delta S > 0$，科勒方程中的曲率项起主要作用，溶液滴直径 r 增大，过饱和度 ΔS 也随之增大，r 和 ΔS 越大浓度项起到的作用越小，溶液滴的浓度越低，即小液滴趋近于纯水滴的状态。当科勒方程中的曲率项为正，浓度项为负时，水汽过饱和度达到极大值，将过饱和度极大值称为临界过饱和度 ΔS^*，过饱和度为临界过饱和度时的溶液滴直径为 r^*，称之为溶液滴临界直径。对科勒方程求极值可得临界过饱和度：

$$\Delta S^* = \frac{2}{3}\sqrt{C_r^3/3C_n} \tag{2.20}$$

临界直径为：

$$r^* = \sqrt{\frac{3C_n}{C_r}} \tag{2.21}$$

以图 2.2 中直径为 0.05 $\mu m (NH_4)_2SO_4$ 干粒子的科勒曲线为例，可以看出：当环境过饱和度低于临界过饱和度时，吸湿性粒子的增长过程会受到一定的限制。在某环境过饱和度 ΔS_b 下，吸湿性粒子能够增长到的直径极大值即为科勒曲线上过饱和度 ΔS_b 所对应的直径 r_b，如果该水滴蒸发至直径小于 r_b，那么蒸发的水汽会使环境过饱和度大于粒子直径变小后所需的平衡过饱和度 ΔS_b，水滴则会凝结，最后水滴增长到直径为 r_b，环境过饱和度也回到 ΔS_b。因此，可见直径 r_b 为过饱和度 ΔS_b 的稳定直径。任意一条科勒曲线上，小于过饱和度极大值的所有点称之为"霾点"，处于"霾点"状态下的溶液滴称之为"霾粒"或"霾滴"，如果环境过饱和度不发生变化，"霾滴"的直径不会增大或减小。

当环境过饱和度与临界饱和度相等时，该时刻溶液直径为 r_a，该时刻溶液滴处于亚稳定状态，如果溶液滴蒸发，直径小于 r_a，环境过饱和度则会大于稳定饱和度，溶液滴凝结增长，直径增长回 r_a。如果处于亚稳定状态的溶液滴因某种偶然的原因增大，直径大于 r_a，此时溶液滴所需的平衡过饱和度小于环境过饱和度，溶液滴凝结水汽不断增长，该过程中溶液滴不会增发减小。

当环境过饱和度大于临界过饱和度时，溶液滴会不断增长，直径超过 r_a，溶液滴继续增长，形成云滴，这就是可溶性粒子的活化过程。对比图中不同半径可溶性粒子的科勒曲线可知，较大可溶性粒子的临界过饱和度要低一些，说明直径较大的可溶性粒子更易吸湿增长成云滴粒子。化学成分不同的可溶性粒子，其临界过饱和度也不同，相同半径的氯化钠粒子与硫酸铵粒

子相比,临界过饱和度要低些,也就是说大小相同的氯化钠粒子比硫酸铵粒子更易活化形成
云滴。

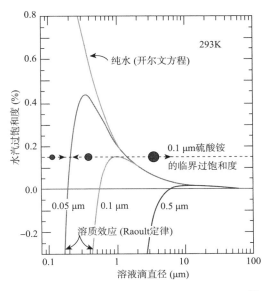

图 2.2　不同尺度的干硫酸铵粒子的科勒曲线[2]

2.1.3　云凝结核

云凝结核(Cloud Condensation Nucleus,简称 CCN)是指能够在云中实际过饱和度条件下
活化成云滴的气溶胶粒子,而这一部分气溶胶粒子只占大气气溶胶粒子的一小部分。CCN 的
浓度总是和一定的过饱和度相互联系,如 CCN(1%)、CCN(0.5%)等,不同的过饱和度与
CCN 浓度相对应构成 CCN 过饱和度谱。根据观测试验所提出的 CCN 过饱和度谱经验公式
很多,最常用的为对于过饱和度的幂定律,即 Twomey 公式[3]:

$$N_{CCN}(\Delta S) = c\Delta S^k \tag{2.22}$$

式(2.22)中 N_{CCN} 为云凝结核数浓度,单位为 cm^{-3},ΔS 为过饱和度,以百分数形式表示,c 和 k
为常数,其中 c 为过饱和度为 1% 时的 CCN 数浓度,c 和 k 表征了气溶胶粒子群尺度或化学成
分等信息。不同地区观测所得到的 c 和 k 有所不同,说明 CCN 过饱和谱具有一定的局地性
(表 2.1)。

表 2.1　不同地区 CCN 经验公式的参数[4]

$c(cm^{-3})$	k	观测地点
125	0.3	海上(澳大利亚)
53~105	0.5~0.5	Maui(夏威夷)
100	0.5	大西洋、太平洋
190	0.8	太平洋
250	1.3~1.4	北大西洋

$c(\mathrm{cm}^{-3})$	k	观测地点
145～370	0.4～0.9	北大西洋
100～1000	—	北极
140	0.4	Cape Grim(澳大利亚)
250	0.5	北大西洋
25～128	0.4～0.6	北太平洋
27～111	1.0	北太平洋
400	0.3	污染的北太平洋
100	0.4	赤道太平洋
600	0.5	陆地
2000	0.4	陆地(澳大利亚)
3500	0.9	陆地(布法罗、纽约)

2.2 冰核的核化过程

2.2.1 冰晶均质核化

冰晶的均质核化包括汽—粒转化的凝华核化和过冷水滴中冻结的均质冻结核化。

（1）冰晶均质凝华核化

冰晶粒子的汽—粒转化与液滴的均质凝结核化较为类似。我们这里假设冰晶胚胎为球状粒子，水汽与球状冰晶胚胎粒子之间满足开尔文方程，冰晶胚胎的临界半径为：

$$r_i^* = \frac{2\sigma_{i,v}M_w}{\rho_i RT\ln S_i} = \frac{2\sigma_{i,v}}{\rho_i R_v T\ln S_i} \tag{2.23}$$

式(2.23)中 $\sigma_{i,v}$ 为水汽与冰界面之间的表面张力系数，ρ_i 为冰的密度，$S_i = e/e_i$ 为饱和比，e_i 为冰面饱和水汽压，临界吉布斯自由能为：

$$\Delta G_i^* = \frac{4}{3}\pi r_i^{*}{}^2 \sigma_{i,v} \tag{2.24}$$

冰晶均质凝结核化的核化率与液滴均质核化率接近：

$$J = \frac{a_d}{\rho_i}\left(\frac{2N_A^3 M_w \sigma_{i,v}}{\pi}\right)^{1/2}\left(\frac{e_i}{RT}\right)S_i\exp\left(-\frac{\Delta G_i^*}{kT}\right) \tag{2.25}$$

式(2.25)中 a_d 为水汽的凝华系数，由公式可知，凝华核化率与冰面饱和比 S_i 联系紧密，下表给出环境温度−12℃下不同饱和比对应的凝华核化率。

表 2.2 环境温度−12℃下不同饱和比对应的凝华核化率

S_i	2.449	3.374	4.499	5.623	6.748
$J(\mathrm{cm}^{-3}\mathrm{s}^{-1})$	9.2×10^{-394}	2.7×10^{-163}	1.2×10^{-98}	4.4×10^{-69}	3.4×10^{-52}

从表 2.2 可以看出,不同的冰面饱和比下凝华核化率都非常低。冰的表面张力比水的表面张力更大,而吉布斯自由能与表面张力的三次方成正比,所以形成冰需要克服的吉布斯自由能要大于形成水滴需要克服的吉布斯自由能,在同一水汽过饱和度条件下,凝华核化率要小于凝结核化率,同质凝华核化比同质凝结核化更难实现,换而言之,在自然大气中冰晶很难通过同质凝华核化过程形成。

(2)冰晶均质冻结核化

均质冻结核化是指在过冷水中形成冰晶。冰为六边体晶状结构,水看作为被破坏的冰的结构,形成冰晶胚胎的过程,首先,过冷水要破坏原始结构,分子间排列逐渐向冰结构靠近;其次,若干个水分子团聚合构成具有冰结构的分子簇,这些分子簇在消散和形成两种状态之间摆动,温度降低至某一温度下,分子簇超过临界尺度的概率增大,最后超过临界状态,继续迅速增长,最后整个过冷水形成冰晶。

冰晶均质冻结核化过程中,冰晶胚胎临界半径和临界自由能分别为:

$$r_i^* = \frac{2\sigma_{i,w}T}{\rho_i L_f (T_0 - T)} \tag{2.26}$$

$$\Delta G_i^* = \frac{4}{3}\pi r_i^* \sigma_{i,w} = \frac{16\pi\sigma_{i,w}^3 T^2}{3[\rho_i L_f (T_0 - T)]^2} \tag{2.27}$$

式(2.27)中 $\sigma_{i,w}$ 为冰与水界面的表面张力系数,L_f 为冻结或融化潜能,$T_0 - T$ 为过冷却度。

过冷却水中冰晶的同质冻结核化率为:

$$J \approx Z\frac{N_1 kT}{h}\exp(-\Delta G_i^* - \Delta G_a/kT) \tag{2.28}$$

式(2.28)中 ΔG_a 为冰—水界面上的活化能。

表 2.3 给出了不同过冷却度下的冻结核化率,纯净过冷水存在的最低温度约为 $-40℃$ 至 $-35℃$ 之间,低于此温度的过冷水趋于冻结。自发冻结核化是随机过程,相同大小水滴的冻结温度呈随机分布,冻结温度常用“中值冻结温度”表示,即水滴群中半数水滴冻结时对应的温度。过冷却水滴冻结温度随尺度和冷却速率变化,都要求一定的过冷却度,过冷水滴尺度越小,冷却速率越快,要求的过冷却度也越高。一般讲 $-40℃$ 作为同质冻结核化的温度阈值,对流层顶附近可能存在低于温度阈值的情况,而对流层内的温度一般高于冻结核化温度阈值,所以一般的云内不会通过均质冻结核化过程形成冰晶,但在一些较高的卷云中可通过此过程形成冰晶。

表 2.3　不同过冷却度下的冻结核化率

$T_0 - T(℃)$	-30	-35	-40	-45
$J(\mathrm{cm}^{-3}\mathrm{s}^{-1})$	4.6×10^{-112}	5.1	5.8×10^6	4.4×10^9

2.2.2　冰晶异质核化

从上一节内容可知,一般情况下,同质凝华核化很难实现,而异质凝华核化发生的概率较高。在大气中有冰核存在的情况下,温度低于某一临界温度以后,虽然环境过饱和只达到冰面过饱和,还未达到水面过饱和,仍然可以发生异质凝华核化。

(1)冰晶异质凝华核化

异质凝华核化与异质凝结核化的过程类似,凝结核化的核化率与浸润角、核的尺度和温度有关；冰核尺度相同时，浸润角越大所需的凝华冻结温度越低；当浸润角不变时，冰核的尺度越小，凝华冻结的温度越低。说明浸润角越小，冰核的尺度越大，所需要的凝结冻结温度越低，即凝结冻结过程越容易实现。

（2）冰晶异质冻结核化

当液滴内部或表面存在冻结核时，液滴可能通过异质冻结核化过程冻结。液滴中的水分子在冻结核上聚集，形成类似于冰晶的结构，冰晶结构可能会增大，使整个液滴发生冻结。异质冻结核化与冻结核的大小和浸润角有关，冻结核越大，要求的冻结温度越高，越易发生冻结；浸润角越小，要求的冻结温度越高，越易发生冻结。

一般冰晶异质冻结核化分为三类：浸润冻结核化、接触冻结核化和凝结—冻结核化。

1）浸润冻结核化

不可溶性核完全被水滴包围，一部分水分子随机聚集成小分子团，另一部分位于其他分子组合，称之为悬空键。不可溶性粒子整体是憎水性的，但其表面亦有亲水性位置，这些亲水性位置有利于吸附水分子以及悬空键。当温度降低后，更多的悬空键吸附在亲水性位置上，形成较大的水分子团，许多单个水分子具有较高的自由度，逐渐排列成四面体冰状结构，形成冰胚。

图 2.3 给出了同质冻结核化和异质浸润冻结核化过程的水滴直径和冻结温度。由图中可以看出，随着相当水滴直径的增加，均质冻结核化和异质浸润冻结核化所需求的冻结温度均有所升高；当水滴中含有冻结核时，浸润冻结核化所需求的冻结温度整体比同质冻结核化高。说明液滴内含有冻结核且液滴尺度较大的情况下，需求的冻结温度要高一些，冻结形成冰晶的概率要大一些。

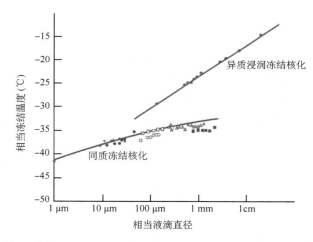

图 2.3 异质浸润冻结核化过程和同质冻结核化过程相当液滴直径与相当冻结温度[1]

2）接触冻结核化

接触冻结核化是指某些冰核与过冷水滴表面接触而发生冻结的过程。对于能够进行接触冻结核化的冰晶，其接触冻结核化的温度要高于浸润冻结核化所需的温度。土壤、沙粒和有机化合物等都是很好的接触冻结核，而这些粒子作为浸润冻结核时则不利于冻结核化发生。接触冻结核通过两个特点来促进冻结过程发生。第一，接触冻结核可以减小或破坏过冷水滴的表面张力，减小水滴内部水分子对表面水分子的约束，提高表面水分子自由活动的能力。接触冻结核降低水滴表面张力后，表面水滴能够排列成四面体冰结构，促使液滴表面先发生冻结。

第二,接触冻结核表面分布有利于冻结的活化点,过冷水滴与活化点接触后,其表面水分子按冰结构排列,形成冰胚。

所有吸湿性不可溶粒子都具有降低水滴表面张力的能力,而有利于冻结的冻结活化点只有接触冻结核才具备。接触冻结过程是由接触核与水滴接触的表面向内部冻结,这与浸润冻结从水滴内部向表面冻结的过程不同。

3)凝结—冻结核化

当环境过饱和度处于水面过饱和状态时,水汽会先在凝结-冻结核上凝结成水滴,随后再发生冻结过程,这种过程为凝结—冻结核化过程。

图 2.4 给出不同物质异质凝结—冻结核化过程和异质凝华核化过程的温度和饱和度。从图中可见,当环境处于水面过饱和状态下时,可以发生凝结—冻结核化过程,而当环境处于水面未饱和状态时,只能发生凝华过程,说明凝结—冻结核化过程需要的温度要高于凝华核化过程,即凝结—冻结核化过程更易形成冰晶。

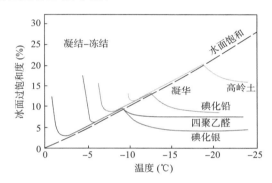

图 2.4　不同物质异质凝结—冻结核化和异质凝华核化过程中温度和过饱和度的变化[1]

2.2.3　大气冰核

纯水通过均质冻结核化形成冰晶需要的温度非常低,一般在 −40℃以下,在具有外来粒子的情况下,形成冰晶需要的温度要高些,这些粒子称之为冰核。沙粒、尘土和有机化合物等都是能在较高温度下形成冰晶的冰核。

大气中有一部分固体的气溶胶粒子,在合适的温度下可作为冰核。由雪晶样品的显微图像分析可知,大部分雪晶内包含土壤物质的核心。云室试验也指出,土壤、沙粒、尘埃以及一些矿物质颗粒作为冰核时,其成冰温度都比较高。如高岭土和黄土高原的黄土,成冰温度为 −9℃;黏土的成冰温度为 −12℃。另外,生物质燃烧和人为排放所产生的部分气溶胶粒子、细菌微生物和海洋浮游生物等都是有效的冰核。

冰核一般通过以下几种过程形成冰晶:第一,冰核表面吸附水汽分子,凝华形成冰晶;第二,冰核表面吸附水汽,首先发生凝结,而后发生冻结形成冰晶;第三,冰核完全浸入过冷水滴中,由过冷水滴内部向外冻结形成冰晶;第四,过冷水滴接触冰晶表面,有过冷水滴表面向内部发生冻结形成冰晶。以上四种过程中的冰核分别称为:凝华核、吸附核、浸润核以及接触核。

由于大气气溶胶中具体有多少粒子可作为冰核比较难确定,根据观测结果,一般冰核浓度计算的经验公式为[5]:

$$N_{IN} = N_0 \exp[0.6 \times (273 - T)] \qquad (2.29)$$

式(2.29)中,N_0 取值为 10^{-2} m^{-3},适用范围为 $-30℃$ 至 $-10℃$,在此温度范围内冰核浓度随过冷却度呈指数递增。

　　一个气溶胶粒子是否可以成为冰核,不仅与温度有关,还与环境过饱和度有关。图 2.5 给出了不同温度和冰面过饱和度下冰核的数浓度,从图中可见,冰面过饱和度与冰核数浓度的关联十分突出,随着冰面过饱和度的增加,冰核数浓度增加十分明显。

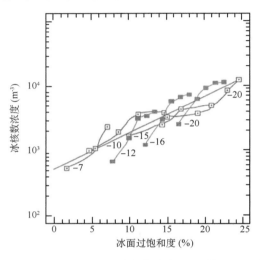

图 2.5　不同温度和冰面过饱和度下冰核数浓度(图中数字为温度,单位:℃)[1]

2.3　水成物粒子的增长

　　云内水成物粒子种类很多,其增长过程也十分复杂,云滴和冰晶作为其他水成物粒子形成的基础,其形成过程十分重要,因此这里我们只介绍云滴和冰晶的增长过程。

2.3.1　云滴的凝结增长

　　可溶性粒子活化后会进一步增长,增长过程受到多种因素影响,其中最为突出的是,凝结和碰并过程。在凝结过程中,一部分水汽分子凝结到水滴表面后,该区域的水汽浓度降低,周围高浓度水汽区会向该区域继续输送水汽继续凝结。而凝结过程释放的潜热使液滴增温,水分子活动增强,限制凝结过程。可见,水滴凝结增长过程受到分子扩散和热量传导的影响。

　　(1)单个液滴的扩散增长

　　水滴凝结过程实质上是水汽分子扩散过程。假设有一纯水滴半径为 r,处在温度为 T,水汽压为 e,水汽密度为 ρ_v 的环境中。以水滴圆心为中心,半径为 R 的任意球面上的水汽扩散通量为常数,则有:

$$I = -4\pi R^2 D_v \frac{d\rho_v}{dR} \qquad (2.30)$$

式(2.30)中 D_v 为大气中水汽的扩散系数,具体表达式为:

$$D_v = 0.211 \frac{p_0}{p} \left(\frac{T}{T_0} \right)^{1.94} \tag{2.31}$$

式中 $T_0 = 273.15\ \mathrm{K}$，$p_0 = 1013.25\ \mathrm{hPa}$。当半径无限大时,水汽密度为 ρ_v,当向径为液滴半径时,水汽密度为液滴表面的平衡水汽密度 $\rho_{s,r}$,对(2.31)式积分可得:

$$I = -4\pi r D_v (\rho_v - \rho_{s,r}) \tag{2.32}$$

式(2.32)称为扩散通量的麦克斯韦公式,表征水汽扩散通量与环境水汽密度和水滴表面平衡水汽密度之差呈正比。

扩散通量为单位时间凝结到水滴表面的水汽质量,即水滴的增长率:

$$\frac{\mathrm{d}m}{\mathrm{d}t} = 4\pi r D_v (\rho_v - \rho_{s,r}) \tag{2.33}$$

水滴质量 $m = \frac{4}{3}\pi r^3 \rho_w$,对式(2.33)变化有:

$$r \frac{\mathrm{d}r}{\mathrm{d}t} = \frac{D_v}{\rho_w}(\rho_v - \rho_{s,r}) \tag{2.34}$$

式中 $\frac{\mathrm{d}r}{\mathrm{d}t}$ 为水滴生长率,水汽密度差 $\rho_v - \rho_{s,r}$ 是水滴生长都是驱动力。

以上水滴凝结增长过程中,并未考虑凝结潜热的影响,而潜热释放势必会影响水汽密度。

水滴释放的凝结潜热既升高了液滴表面温度,又向外传导热量,热量平衡公式为:

$$L_v \frac{\mathrm{d}m}{\mathrm{d}t} = \frac{4}{3}\pi r^3 \rho_v c_w \frac{\mathrm{d}T(r)}{\mathrm{d}t} + Q \tag{2.35}$$

式(2.35)中 $T(r)$ 为液滴表面温度,c_w 为水的比热容,Q 为向外传导的热量,达到平衡时 $\mathrm{d}T(r)/\mathrm{d}t = 0$,则有:

$$Q = L_v \frac{\mathrm{d}m}{\mathrm{d}t} \tag{2.36}$$

由水滴表面向外传导的热量,热传导和扩散方程:

$$Q = -4\pi R^2 k_a \frac{\mathrm{d}T}{\mathrm{d}R} \tag{2.37}$$

式(2.37)中 $k_a = 10^{-3}(4.39 + 0.071T)$ 为空气热导率。

将式(2.36)从液滴表面积分到无穷远,可得:

$$Q = 4\pi r k_a (T - T_r) \tag{2.38}$$

式(2.38)中 T 为无穷远处的温度,T_r 为液滴表面温度,将式(2.37)和式(2.38)两式联立,可得:

$$L_v \frac{\mathrm{d}m}{\mathrm{d}t} = 4\pi r k_a (T_r - T) \tag{2.39}$$

为求解公式(2.33)和公式(2.34),需要得到饱和水汽密度和温度的关系,根据水汽状态方程和克劳修斯—克拉珀龙方程可得:

$$\frac{\mathrm{d}\rho_s}{\rho_s} = \frac{L_v}{R_v T^2}\mathrm{d}T - \frac{1}{T}\mathrm{d}T \tag{2.40}$$

式中 ρ_s 为饱和水汽密度,将上式对温度从 T_r 到 T,饱和水汽密度从 $\rho_s(T_r)$ 到 $\rho_s(T)$ 求积分,可得:

$$\ln \frac{\rho_s(T_r)}{\rho_s(T)} = \frac{L_v - R_v T}{R_v T^2}(T_r - T) \tag{2.41}$$

式中 $\ln \dfrac{\rho_s(T_r)}{\rho_s(T)} \approx \dfrac{\rho_s(T_r)}{\rho_s(T)} - 1$，可得到饱和水汽密度和温度的关系为：

$$\rho_s(T_r) - \rho_s(T) = \rho_s(T)\left(\frac{L_v}{R_v T} - 1\right)\left(\frac{T_r - T}{T}\right) \tag{2.42}$$

对于半径大到可以忽略曲率影响的纯水滴的凝结，可假设 $\rho_{s,r} = \rho_s(T_r)$，那么公式(2.33)、(2.39)和(2.42)简化合并后可得到描述液滴凝结增长的方程：

$$\frac{\mathrm{d}m}{\mathrm{d}t} = \frac{4\pi r\left[\rho_v/\rho_s(T) - 1\right]}{\dfrac{L_v}{k_a T}\left(\dfrac{L_v}{R_v T} - 1\right) + \dfrac{1}{D_v \rho_s(T)}} = \frac{4\pi r\left[S - 1\right]}{\dfrac{L_v}{k_a T}\left(\dfrac{L_v}{R_v T} - 1\right) + \dfrac{1}{D_v \rho_s(T)}} \tag{2.43}$$

或

$$r\frac{\mathrm{d}r}{\mathrm{d}t} = \frac{S - 1}{\dfrac{L_v \rho_w}{k_a T}\left(\dfrac{L_v}{R_v T} - 1\right) + \dfrac{R_v T \rho_w}{D_v e_s(T)}} \tag{2.44}$$

式(2.44)中 $S = \rho_v/\rho_s(T) = e/e_s(T)$ 为水汽饱和比。潜热项在公式右端分母中，说明潜热释放增大了水滴表面平衡水汽密度，不利于液滴凝结增长。公式左端可以看出，当过饱和一定的情况下，液滴半径与生长率呈反比，即液滴尺度越大生长的速度越慢。

前面的计算中，我们假设液滴是不动的，实际上随着下落速度的增加，水滴会受到通风效应的影响。从理论上说，这种通风作用增加了水汽输送率，使凝结加快，在计算云滴凝结生长率时，需考虑对通风作用做出订正。

当云滴被夹卷出云外或雨滴从云中落出，进入了未饱和环境中就要发生蒸发。由于雨滴下落时和环境大气间有一定的相对速度，成为通风环境下的对流输送，水汽场不再是静止的，而是呈球形对称的。在通风条件下，蒸发会加快，故需有通风因子加以订正。通风因子的定义为：

$$f(Re) = \frac{(\mathrm{d}m/\mathrm{d}t)_{\text{动}}}{(\mathrm{d}m/\mathrm{d}t)_{\text{静}}} \tag{2.45}$$

其中雷诺数 $Re = \dfrac{2\rho v r}{\mu}$，$\mu$ 为空气黏性系数，v 是相对速度，根据实验，在 $10 < Re < 100$ 时，通风因子一般取：

$$f(Re) = 1 + 0.23 Re^{1/2} \tag{2.46}$$

那么(2.33)式就应修正为：

$$\frac{\mathrm{d}m}{\mathrm{d}t} = 4\pi r D_v(\rho_v - \rho_{v,r}) f(Re) \tag{2.47}$$

因为云滴尺度很小，其下落速度很小，一般认为他们是随着气流一起运动的，故通风因子的数值接近于 1，因此在云滴半径 $r \leqslant 50\ \mu\text{m}$ 时，无论凝结还是蒸发都不需要订正。但雨滴从云中落出在大气中蒸发的情况就有所不同，若雨滴直径为 1 mm，$Re = 269$，通风因子为 4.8，比静止条件下的蒸发大 3.8 倍，因此需要对雨滴的蒸发进行订正。

（2）群滴的凝结增长

实际云中不是单个云滴在定常水汽场条件下的凝结，而是一群云滴在上升气流环境中的凝结增长，因此需要同时考虑云动力学和微物理学及其相互作用。详细的讨论可利用云雾的数值模式进行，这里仅设想一个湿空气块绝热上升形成云的情况，并把注意力集中于云形成的微物理过程方面。

为了讨论云内过饱和度随时间的变化,假设气块上升速度和它的温度递减率都为常数,湿空气块内水汽以比湿表示为

$$q = \frac{\varepsilon e}{p} \tag{2.48}$$

式中 e 和 p 分别为水汽分压和大气压,$\varepsilon = 0.622$。水汽过饱和度可写成:

$$\Delta S = \frac{e}{e_s} - 1 = \frac{pq}{\varepsilon e_s} - 1 \tag{2.49}$$

其中 e 和 T 分别为湿空气块内的水汽压和温度,e_s 为饱和水汽压。将(2.49)式对时间求导:

$$\frac{\mathrm{d}}{\mathrm{d}t}\Delta S = \frac{p}{\varepsilon e_s}\frac{\mathrm{d}q}{\mathrm{d}t} - \frac{qp}{\varepsilon e_s}\left(\frac{1}{e_s}\frac{\mathrm{d}e_s}{\mathrm{d}t} - \frac{1}{p}\frac{\mathrm{d}p}{\mathrm{d}t}\right) \tag{2.50}$$

(2.50)式中的 $\mathrm{d}e_s/\mathrm{d}t$ 可由克劳修斯—克拉柏龙方程得到:

$$\frac{\mathrm{d}e_s}{\mathrm{d}t} = \frac{\mathrm{d}e_s}{\mathrm{d}T}\frac{\mathrm{d}T}{\mathrm{d}t} = \frac{L_v e_s}{R_v T^2}\frac{\mathrm{d}T}{\mathrm{d}t} \tag{2.51}$$

(2.50)式中的 $\mathrm{d}p/\mathrm{d}t$ 则由静力学方程和湿空气状态方程式得到:

$$\frac{\mathrm{d}p}{\mathrm{d}t} = -\frac{gp}{RT}w \tag{2.52}$$

其中 w 为气块上升速度,R 是湿空气比气体常数,此处假设气块温度与环境温度近似相等,将公式(2.51)和(2.52)式代入(2.50)式,并利用(2.49)式,可得:

$$\frac{\mathrm{d}}{\mathrm{d}t}\Delta S = \frac{p}{\varepsilon e_s}\frac{\mathrm{d}q}{\mathrm{d}t} - (1 + \Delta S)\left(\frac{L_v}{R_v T^2}\frac{\mathrm{d}T}{\mathrm{d}t} + \frac{g}{RT}w\right) \tag{2.53}$$

其中气块温度随时间的变化率为 $\frac{\mathrm{d}T}{\mathrm{d}t} = \frac{\mathrm{d}T}{\mathrm{d}z}w$,在湿空气块饱和绝热上升过程中,$\frac{\mathrm{d}T}{\mathrm{d}z}$ 可由气块饱和绝热上升时的热量方程求得,根据湿绝热减温率 γ_m,气块温度的变化率为:

$$-\frac{\mathrm{d}T}{\mathrm{d}t} = -\frac{\mathrm{d}T}{\mathrm{d}z}w = \gamma_d w + \frac{L_v}{c_{pd}}\frac{\mathrm{d}q}{\mathrm{d}t} \tag{2.54}$$

为便于讨论过饱和度,(2.54)式中用比湿 q 代替饱和比湿 q_s(因为云内 $q \approx q_s$),γ_d 是干绝热减温率,其表达式为 g/c_{pd}。

设云内液态水比含水量(单位空气质量中含有的液态水量)为:

$$q_w = \frac{\rho_w}{\rho}\frac{4\pi}{3}\sum_{i=1}^{K}n_i r_i^3 \tag{2.55}$$

式中 ρ_w 和 ρ 分别是水和空气的密度,n_i 是单位体积中半径为 r_i 的小滴数,所有液滴都按照单滴凝结增长方式增长。比湿 q 与液态水比含水量 q_w 的关系是:

$$\frac{\mathrm{d}q}{\mathrm{d}t} = -\frac{\mathrm{d}q_w}{\mathrm{d}t} \tag{2.56}$$

将公式(2.54)和(2.56)式代入(2.53)式,并令等号右边的 $1 + \Delta S \approx 1$(云中过饱和度仅为 0.01 左右),最后我们得到云中过饱和度随时间变化:

$$\frac{\mathrm{d}}{\mathrm{d}t}\Delta S = \left(\gamma_d\frac{L_v}{R_v T^2} - \frac{g}{RT}\right)w - \left[\frac{p}{\varepsilon e_s(T)} + \frac{L_v^2}{c_{pd} R_v T^2}\right]\frac{\mathrm{d}q_w}{\mathrm{d}t} \tag{2.57}$$

式中的上升速度 w 可与冷却率 $-\frac{\mathrm{d}T}{\mathrm{d}t}$ 联系起来,即

$$w = \frac{\mathrm{d}z}{\mathrm{d}t} = \frac{\mathrm{d}z}{\mathrm{d}T}\frac{\mathrm{d}T}{\mathrm{d}t} = \frac{1}{\gamma_m}\left(-\frac{\mathrm{d}T}{\mathrm{d}t}\right) \tag{2.58}$$

从式(2.57)和(2.58)式可以看出,云中过饱和度随时间的变化是冷却率与云滴凝结量增加率之间平衡的结果。前者是因气块绝热上升膨胀而引起,大致维持定常;后者受限于水汽向粒子的质量输送,而质量输送又依赖于粒子尺度分布和他们的活化状态,是变化的,因此云中过饱和度会出现一个极值(水汽供应率与消耗率相平衡)。这样。所需临界过饱和度低于极值的那些较大粒子将活化而变为云滴,其余的粒子则不能活化,它们称为填隙粒子,其尺度通常小于 2 μm。

在群滴凝结增长的过程中,每个云滴都按照单滴增长方程增长,由于大量云滴争食水汽,过饱和度达到极大之后迅速降低,这个过程也抑制了云滴的增长。随着云滴尺度增大,其增长率下降,因此云滴通过凝结增长过程很难形成雨滴。

2.3.2　冰晶的凝华增长

(1)单个冰晶的凝华增长

与液滴凝华增长类似,冰晶的凝华增长实质也是水汽扩散过程和热传导过程。由于冰晶并不像液滴那样呈球状粒子,其凝华增长的过程更为复杂。假设冰胚是半径为 r 的球状粒子,其凝华增长的速率为:

$$\frac{\mathrm{d}m_i}{\mathrm{d}t} = 4\pi r D_v(\rho_v - \rho_{ix}) \tag{2.59}$$

式中 ρ_v 为距离冰胚无穷远处的水汽密度,ρ_{ix} 为冰晶表面处的水汽密度。通过利用围绕冰晶周围的水汽场和静电电位场的类似性,可给出适用于任意形状的冰晶质量增长的表达式。导电漏电与导体的静电电容 C 成正比,而电容由导体的大小和形状决定,对于球形导体有:

$$\frac{C}{\varepsilon_0} = 4\pi r \tag{2.60}$$

式中 $\varepsilon_0 = 8.85 \times 10^{-19}$ C·N^{-1}·m^{-2} 为自由空间的电容率。将上两式结合,可得球形冰晶的质量增长率:

$$\frac{\mathrm{d}m_i}{\mathrm{d}t} = \frac{C D_v}{\varepsilon_0}(\rho_v - \rho_{ix}) \tag{2.61}$$

假设距离冰晶无穷远处的水汽压比平冰面的饱和水汽压接近,冰晶的尺度不是非常小,那么上式可写为:

$$\frac{\mathrm{d}m_i}{\mathrm{d}t} = \frac{C}{\varepsilon_0} G_i S_i \tag{2.62}$$

式中 $G_i = D_v \rho_v$,S_i 为冰面过饱和度。

考虑凝华潜热和能量平衡,冰晶的凝华质量增长率为:

$$\frac{\mathrm{d}m_i}{\mathrm{d}t} = \frac{4\pi C(S_i - 1)}{\dfrac{L_{vi}^2}{k_a R_v T^2} + \dfrac{k_v T}{D_v e_{si}(T)}} \tag{2.63}$$

(2)冰水共存时冰晶的凝华增长

由于同温度下冰面饱和水汽压小于水面饱和水汽压,在冰晶、水滴和水汽共存的空间内,如果环境水汽接近水面饱和,对于冰面则是过饱和的。在有冰胚存在的情况下,环境水汽为冰面过饱和,冰晶不断吸收水汽增大,而对于水面是未饱和的,则水滴不断蒸发减小,直至水滴蒸发消失，该效应即为冰晶效应。

假设冰晶为球状，水滴凝结和冰晶凝华的增长公式分别为：

$$\rho_w r_w \frac{\mathrm{d}r_w}{\mathrm{d}t} = D_v(\rho_v - \rho_s) \tag{2.64}$$

$$\rho_i r_i \frac{\mathrm{d}r_i}{\mathrm{d}t} = D_v(\rho_v - \rho_{si}) \tag{2.65}$$

式中 r_w 和 r_i 分别为液滴和冰晶的半径，ρ_s 和 ρ_{si} 分别为水面和冰面的平衡水汽密度，此处忽略了冰晶和液滴曲率对冰晶增长率的影响。假设水滴和冰晶大小均匀，封闭系统内水汽守恒方程为：

$$\frac{\mathrm{d}}{\mathrm{d}t}\left[\rho v(t) + \frac{4}{3}\pi r_w^3 \rho_w n_w + \frac{4}{3}\pi r_i^3 \rho_i n_i\right] = 0 \tag{2.66}$$

其中 n_w 和 n_i 分布为水汽和冰晶的数浓度。边界条件如下：

初始时刻：$t = 0, r_w = r_w(0), r_i = 0, \rho_v = \rho_s$

终止时刻：$t = 0, r_w = r_w(0), r_i = r_{i,m}, \rho_v = \rho_{s,i}$

假设该过程在等温等压下进行，则上式积分后有：

$$\frac{3}{4}\frac{\rho_v(t) - \rho_s}{\pi n_w} = \rho_w r_w^3(0) - \rho_w r_w^3(t) - \frac{n_i}{n_w}\rho_i r_i^3(t) \tag{2.67}$$

由上式可得终止时刻冰晶的最大尺度为：

$$r_{i,m} = \left[\frac{n_w}{n_i \rho_i}\left(\rho_w r_w^3(0) + \frac{3}{4\pi}\frac{\rho_s - \rho_{s,i}}{n_w}\right)\right]^{1/3} \tag{2.68}$$

将水滴凝结和冰晶凝华增长方程积分可得：

$$\rho_i r_i^2(t) - \rho_w r_w^2(t) = 2(\rho_s - \rho_{s,i})D_v t - \rho_w r_w^2(0) \tag{2.69}$$

由此可得终止时所需时间为：

$$t_m = \frac{\rho_w r_w^2(0) + \rho_i r_{i,m}^2}{2 D_v(\rho_s - \rho_{s,i})} \tag{2.70}$$

表 2.4 给出了初始云滴半径 $r_w(0) = 10~\mu\mathrm{m}$，浓度为 $n_w = 60~\mathrm{cm}^{-3}$，云中温度为 $-20℃$，冰晶最终尺度 $r_{i,m}$、终止时间 t_m 和冰晶与水滴的数浓度比 n_i/n_w 的关系。

由表 2.4 中可以看出：

(1)云中含水量越大，形成的冰晶尺度越大。

(2)冰晶与水滴的数浓度比越小，即水滴浓度较多时，冰水转化过程中生成的冰晶越大。

(3)冰、水饱和水汽密度差大时，生成的冰晶也大。

表 2.4　封闭系统中的冰水转化[6]

n_i/n_w	$r_{i,m}(\mu\mathrm{m})$	$t_m(\mathrm{s})$
1	10.6	27.3
0.2	18.1	53.8
0.1	22.8	77.2
0.01	49.1	309
0.001	106	1390

冰晶的增长主要包括单个冰晶的凝华扩散增长和冰水共存时的凝华增长。水汽从水滴转移到冰晶上的过程，冰晶增大，水滴减小，这个过程合理地解释了冷云降水机制。

习题

[1] 在未饱和和过饱和情况下,吉布斯自由能随胚滴半径变化是否一致? 总结其变化形势如何。

[2] 利用计算机绘制出干粒子半径 $0.01~\mu m$、$0.1~\mu m$ 和 $1~\mu m$ 硫酸铵粒子(密度为 $1.8~g/cm^{-3}$)的吸收增长科勒曲线。

[3] 利用开尔文方程,讨论液滴表面饱和水汽压随温度的增加而增加时,液滴半径需要满足怎样的条件?

[4] 利用克劳修斯—克拉柏龙饱和水汽压与温度的关系,证明同温度下水面饱和水汽压大于冰面饱和水汽压。

[5] 总结分析在冰水共存的条件下,影响冰晶增长的因子有哪些?

参考文献

[1] Wallace J M, Hobbs P V. *Atmosphere Science : An Introductory Survey*. 2nd ed. Elsevier Academic Press, 2008, 483pp.

[2] Andreae M O, Rosenfeld D. Aerosol-cloud-precipitation interactions. Part 1. The nature and sources of cloud-active aerosols. *Earth-Science Reviews*, 2008, **89**: 13-41.

[3] Twomey S. The nuclei of natural cloud formation part 1: the chemical diffusion method and its application of atmospheric nuclei. *Pure and Applied Geophysics*, **43**: 227-242. 1959.

[4] Twomey S. *Atmospheric Aerosol*. Elsevier Scientific Pub, 302pp. 1977.

[5] Fletcher N H. *Physics of Rain Clouds*, Cambridge University Press, London, 1962.

[6] 顾震潮. 云雾降水物理基础. 北京:科学出版社, 219pp. 1980.

第 3 章　云和降水的动力学特征

在云的形成过程中,水汽由未饱和达到饱和形成云雾主要有两条途径:一是增加空气中的水汽,二是降温;涉及绝热上升冷却凝结、等压冷却凝结、绝热混合凝结等大气热力学过程;形成云的降温过程又以上升膨胀冷却为主。大气上升运动的形成和发展主要由热力因子和动力因子两方面的作用。热力因子主要表现在两个方面:(1)热力扰动导致的对流运动,多形成水平范围较小的积状云;(2)层结不稳定气层对上升运动(热力扰动上升或动力扰动上升)产生促进作用,如气层上层干冷下层暖湿的层结分布有利于位势不稳定的形成。有利于对流运动发展。与热力因子相联系的云包括积云、积雨云、嵌入积云、堡状云、密卷云等。动力因子主要是稳定气层的被迫抬升,如锋面、高压楔、山坡抬升以及辐合上升运动,形成的锋面云系、上坡雾、背风坡云等。

本章主要对大尺度云,层状云、锋面云系(冷锋云系、暖锋云系、锢囚锋云系以及准静止锋云系)的形成及动力学特征作主要讲解。

3.1　大尺度云与降水系统的动力学特征

云的大范围分布表现为一定的结构型式,这些特定的结构形式与降水系统密切联系,了解大尺度云系的分布形式及动力学特征有助于对降水系统的分析预报。本小节将通过对大尺度云系层状云的形成及其动力学特征、锋面云系形成及动力学特征进行详细讲解。

3.1.1　层状云形成过程及其动力学

层状云水平分布范围广,可伸展数百千米;广义地说,层状云包括对流云以外的所有云,如卷云、卷层云、高层云、高积云、层积云、层云、雨层云。层云较薄时可能不产生降水,很厚时(如气旋层云系)可能产生较大范围的降水。层状云是稳定气层受大、中尺度的辐合、锋面抬升、地形抬升等造成的大范围的上升运动形成的。稳定气层由于重力波中的垂直运动可形成波状云。

(1)层状云形成过程

层状云主要通过以下几种途径形成(表 3.1):

表 3.1　层状云形成的主要途径

形成途径	抬升运动
暖锋及缓行冷锋上的缓慢斜升运动	由于斜升空气几乎是整层抬升。不同高度空气的抬升凝结高度并不一致,所以有时这种云层中可能夹有相对干燥无云的层次。 当高层的云沿着锋面上升特别高时,一方面由于降水而使云中水分减少,另一方面由于已抬升到冻结高度以上,云滴开始发生冻结,水汽大多也凝华为冰晶,因此形成卷层云,在强高空风作用下展开,并在阳光照耀下呈丝缕状结构。有时伪卷云或密卷云平衍变薄,形成卷层云。
高空槽前脊后的抬升运动	在高空槽前脊后区域常有大规模的空气辐合抬升,能够出现雨层云、高层云和卷层云。
地形作用	地形对气流的强迫抬升作用有助于雨层云、高层云等地形云的形成。地形云产生的降水是很多重要河流、冰川形成的主要来源,同时也是产生背风风暴、暴雨、泥石流等灾害的重要影响因素。 根据云体结构、静力稳定度及降雨形成机制可将地形云划分为稳定性地形云、不稳定性地形云、播种—供应地形云。不稳定性地形云按照其稳定度可细分为条件性不稳定和绝对不稳定两类。条件性不稳定气流在地形的动力、热力强迫作用下,气块达到自由抬升高度,由潜在不稳定状态发展成为绝对不稳定状态的深对流系统,是产生强降水、强风暴、雷电的主要系统。
湍流作用	有时有助于层积云的形成。其形成过程包括以下几种情况:暖区层积云由动力湍流或雨后天晴造成的热力湍流产生;气团在山地被迫抬升形成层云,在山地湍流作用下形成山地层积云;层云在湍流加强是形成层积云。
对流衍生	对流云受到稳定层的阻挡而延展,形成层积云。

不同的上升运动形式形成不同的云型,见表 3.2。

表 3.2　上升运动与云和降水特性

上升运动类型	上升运动速度(m/s)	云类	云型	特征尺度(km) (水平/垂直)	降水特征
与气旋系统相联系的大范围抬升运动 (稳定大气)	0.1	深厚的 层状云	Ci		
			Cs	$10^3/1 \sim 2^*$	毛毛雨
			As	$10^3/1 \sim 2$	毛毛雨
			Ac	$10^3/1 \sim 2$	毛毛雨
			Ns	$10^3/10^0$	雨、雪
对流 (不稳定大气)	1	小块积云	Cu	1/1	无降水
	10	雷暴云	Cb	10/10	强、阵雨、雹
不规则扰动 (稳定大气)	0.1	浅层云 低层云 雾	St	10^2	无降水
			Sc	$<10^3$	毛毛雨或雪

注:$10^3/1 \sim 2$ 表示水平尺度 10^3 km,垂直尺度 $1 \sim 2$ km,下同。

(2)层状云动力学

层状云形成主要由上升气流、湍流混合和辐射等作用造成。由于层状云形成时,在很大范围内气象要素在水平方向上是均匀的,因此可化为一维问题,便于讨论。

湍流混合造成下层水汽向上输送、位温向下输送,形成下层绝热梯度,这意味着混合层上层温度逐渐冷却,并且冷却层逐渐向下扩展,形成层状云。由(3.1)式判断云能否形成

$$q_w = q - q_s$$
$$q_w > 0，有云 \tag{3.1}$$
$$q_w < 0，无云$$

其中 q_s 表示饱和比湿度，q_w 表示云中水汽含量（单位质量湿空气中水汽质量）。以 Q 表示大气中实际存在的水分总量（单位质量湿空气中水汽、水滴、冰晶质量的总和），在湍流大气中，当空气没有达到饱和时，大气中没有液态水和固态水（$Q = q$），所有水分和空气一起运动。

当空气刚刚达到饱和时，在降水形成以前，云中绝大多数水滴也一般只有 $5 \sim 10~\mu m$ 左右。根据湍流统计理论及近年来的一些观测资料表明：当云滴半径小于 $40~\mu m$ 时，可与空气一起运动；当半径近于 $100~\mu m$ 时，大部分（$65\% \sim 85\%$）可参与大气运动；只有当云滴已经达到 $1000~\mu m$ 时，其参与大气运动的程度才降至 $4\% \sim 15\%$。由此可见，当云开始形成且未产生降水前，总水分是由湍流混合理论所确定的。

$$\frac{\partial Q}{\partial t} + u\frac{\partial Q}{\partial x} + v\frac{\partial Q}{\partial y} + w\frac{\partial Q}{\partial z} = \frac{\partial}{\partial z}\left(\kappa\frac{\partial Q}{\partial z}\right) \tag{3.2}$$

(3.2)式中，u, v, w 表示气流的三个分速度。κ 表示湍流交换系数。空气中的水汽含量 q，显示也应由湍流混合方程决定

$$\frac{\partial q}{\partial t} + u\frac{\partial q}{\partial x} + v\frac{\partial q}{\partial y} + w\frac{\partial q}{\partial z} = \frac{\partial}{\partial z}\left(\kappa\frac{\partial q}{\partial z}\right) - \frac{\delta}{\rho}\frac{\mathrm{d}q_w}{\mathrm{d}t} \tag{3.3}$$

其中 $q_w > 0$ 时，$\delta = 1$；$q_w < 0$ 时，$\delta = 0$；$\dfrac{\mathrm{d}q_w}{\mathrm{d}t}$ 表示正在运动的单位体积湿空气中，于单位时间内凝结出来的水量；ρ 表示湿空气的密度。

大气中容纳水汽的能力在气压不变时由气温确定。为了简单起见，位温在干绝热中守恒，由下式(3.4)描述湿空气中位温变化

$$\frac{\partial \theta}{\partial t} + u\frac{\partial \theta}{\partial x} + v\frac{\partial \theta}{\partial y} + w\frac{\partial \theta}{\partial z} = \frac{\partial}{\partial z}\left(\kappa\frac{\partial \theta}{\partial z}\right) - \frac{L}{C_p}\frac{\delta}{\rho}\frac{\mathrm{d}q_w}{\mathrm{d}t} \tag{3.4}$$

其中 L 表示水汽凝结潜热。

空气容纳水汽的能力 q_s，由 Clausius-Clapeyron 方程决定

$$\frac{\mathrm{d}e_s}{e_s} = \frac{L}{AR_c}\frac{\mathrm{d}T}{T^2} \tag{3.5}$$

(3.5)式中 e_s 表示饱和水汽压，A 表示热功当量，R_c 为水汽的气体常数，T 为温度。饱和比湿与饱和水汽压关系为

$$q_s = 0.622\frac{e_s}{p}$$

根据热力学第一定律，位温 θ 与气温 T 的关系如下：

$$\theta = T\left(\frac{1000}{p}\right)^{AR/C_p} \tag{3.6}$$

由此联合运动方程、连续方程、热力学方程可得描述层状云动力框架的方程组。

3.1.2 锋面云系及其动力学特征

本章主要对锋面云系(冷锋云系、暖锋云系、锢囚锋云系以及准静止锋云系)的形成及动力学特征做讲解。

(1)冷锋云系及动力特征

冷气团主动向暖气团移动的锋叫冷锋。冷气团前缘插入暖气团下部,使暖气团被迫抬升,水汽在上升冷却过程中成云致雨。冷锋云系表现为长达千余千米,气旋性弯曲的云带,它常与涡旋云系连结。其分为活跃和不活跃两类:活跃冷锋位于 500 hPa 槽前,走向与对流层中层气流一致,云系连续稠密,由多层云组成;不活跃锋位于 500 hPa 槽后,云带与高空气流垂直,云系断裂不完整,以中低云系为主。冷锋云系的长度和宽度相差很大,这决定于大气运动尺度、锋面坡度和水汽条件。

根据冷气团移动的快慢不同,冷锋又分为两类:第一型冷锋或缓行冷锋;第二型冷锋或急行冷锋,两类冷锋与高空槽线的位置、移动速度、坡度等,如表 3.3 所示。

表 3.3 冷锋类型及异同点

冷锋类型	位置	移动速度及坡度	锋面云系及天气
第一型 冷锋	高空槽线前部	移动缓慢 坡度不大(约 1%)	多稳定性天气
第二型 冷锋	高空槽线后部 或槽线附近	移动快 坡度大 (1/80~1/40)	多出现雷暴、冰雹、 飑线等对流性不稳 定天气

第一型冷锋锋后冷空气迫使暖空气沿锋面平稳地上升,当暖空气比较稳定,水汽比较充沛时,会形成与暖锋相似的范围比较广阔的层状云系,只是云系出现在锋线后面,而且云系的分布次序与暖锋云系相反,降水性质与暖锋相似,在锋线附近降水区内还常有层积云、碎雨云形成,如图 3.1a。降水区出现在锋前,多为稳定性降水。如果锋前暖空气不稳定时,在地面锋线附近也常出现积雨云和雷阵雨天气。夏季,在我国西北、华北等地,以及冬季在我国南方地区出现的冷锋天气多属这一类型。第二型冷锋云系:锋后冷空气移动速度远较暖气团为快,它冲击暖气团并迫使其产生强烈上升。而在高层,因暖气团移速大于冷空气,出现暖空气沿锋面下滑现象,由于这种锋面处于高空槽后或槽线附近,更加强了锋线附近的上升运动和高空锋区上的下沉运动。夏季,在这种冷锋的地面锋线附近,一般会产生强烈发展的积雨云,出现雷暴、甚至冰雹、飑线等对流性不稳定天气。而高层锋面上,则往往没有云形成。所以第二型冷锋云系呈现出沿着锋线排列的狭长的积状云带,好似一道宽度约有 10 km,高达十多千米的云堤。在冬季,由于暖气团湿度较小,气温不可能发展成强烈不稳定天气,只在锋线前方出现卷云、卷层云、高层云、雨层云等云系,如图 3.1b。当水汽充足时,地面锋线附近可能有很厚、很低的云层,和宽度不大的连续性降水。地面锋过境后,云层很快消失,风速增大,并常出现大风。在干旱的季节,空气湿度小,地面干燥、裸露,还会有沙尘暴天气。这种冷锋天气多出现在我国北方的冬、春季节。

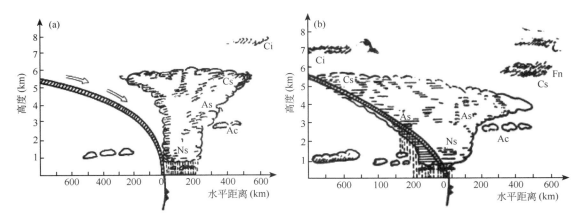

图 3.1　第一型和第二型冷锋云系概念模型[1]

（2）冬季洋面冷锋云系

1）冬季洋面活跃的冷锋云系

在冬季洋面的活跃的冷锋云系（图 3.2）的主要特征有：

①活跃的洋面冷锋云系表现为一条长达数千千米的完整云带，它常与一个涡旋云系连接在一起，云带向南凸起，呈气旋性弯曲，其气旋性弯曲的曲率大小表示冷锋后冷空气推进的方向和强度，一般曲率越大，冷空气的强度越大。

②云带位于高空 500 hPa 槽前，其走向与对流层中部气流方向相平行，暖而湿的气流自较低纬度沿冷锋云带向中高纬度输送，将低纬度的水汽、能量和动能沿云带向中高纬度输送，表现为一条暖湿输送带；而低空风与云带有较大的交角。

③一般而言，冷锋云系以多层云为主，但是对于云带的不同部位处，云的类型也不相同。

④冷锋云带的宽度相差很大，宽的有一个纬距以上，窄的也有一个纬距；即使是同一条云带，冷锋云带的各段的宽度也不相同。一般地说，对于单独的一条冷锋云带，离涡旋中心越远，冷锋云带越窄。越往云带的北段，其宽度越宽。

⑤冷锋云带与低空变形场相联。对于一条单独的冷锋云带，在变形场的中心区，云带变窄、变稀薄；而在变形场的渐近辐合区，冷锋云系变稠密。

⑥活跃的冷锋云系与强的斜压区相联，在强的斜压区内有明显的冷暖平流和强的风速垂直切变。

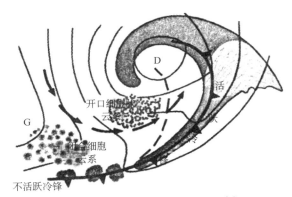

图 3.2　冬季洋面冷锋云系模式[2]

2003 年 1 月 3 日至 4 日(表 3.4)发生在西北太平洋的一次典型冷锋结构和相伴随的锋生过程[3]。图 3.3 是 2003 年 1 月 2 日 18：00 UTC[①] 到 3 日 12：00 UTC 每隔 6 h 的 GMS-5 红外卫星云图。

表 3.4　西北太平洋的一次典型冷锋结构过程

时间	演变特征
3 日 06 UTC	与锋面相伴随的云带大体呈东北—西南走向,云带东起日本岛,西至台湾岛。锋面云带的两侧轮廓最为清晰,锋面的南北跨度接近四个纬距(20°～40°N);
3 日 14 UTC	云带基本变为南北走向,云团颜色开始变淡,但仍旧跨越 20°～40°N 约四个纬距。锋面从日本岛北端,延伸到台湾省以东洋面,继续向东移动,并从冷锋南端开始不断减弱;
3 日 20 UTC	锋面基本移出日本列岛,继续减弱;
4 日 04 UTC	此冷锋云带在西北太平洋洋面上空基本消亡。

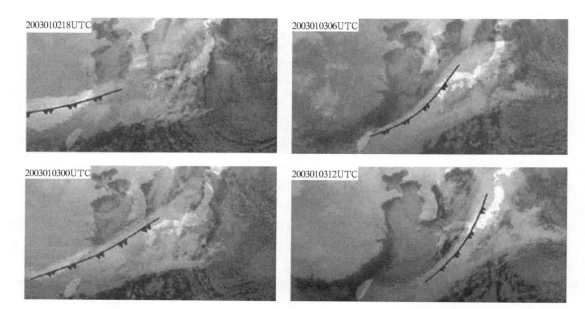

图 3.3　2003 年 1 月 2 日 18：00 UTC 至 3 月 12：00 UTC GMS-5 红外卫星云图[3]

2)冬季洋面不活跃的冷锋云系

①由于受高空干冷下沉平流的作用,不活跃的冷锋云带窄而不完整。

②出现断裂;其云系以低空积云或层积云为主,中高云甚少。

③不活跃的冷锋云系斜压性很弱,风的垂直切变小。

3)我国大陆性冷锋云系

我国大陆性冷锋云系主要有西北—华北冷锋云系、青藏高原冷锋云系、西南冷锋云系、东北冷锋云系、南方冷锋云系。

①西北—华北冷锋云系

侵入我国西北到华北地区的冷锋主要来自西伯利亚和中亚地区。当冷锋位于西伯利亚地

①　UTC,世界协调时。

区时,它表现为一条东北—西南走向的连续云带,但当冷锋云系越过帕米尔高原、天山和阿尔泰山时,由于受地形影响而减弱,尤其是冷锋南段越过天山进入塔里木盆地,下沉增温明显,中低云系受下垫面的影响,显著减弱,时常只表现一些薄的卷云,在这种情况下,冷空气的活动在可见光云图上难以识别,常用红外云图来判别。

西北—华北冷锋云带常为密蔽的连续完整的云带,云系色调白以多层云为主;在下午由于局地热力作用,云区表现为纹理不均匀的对流性云系出现;云带表现为气旋性弯曲,呈东北—西南走向,有时宽度可达 4~6 个纬距。图 3.4 为冷锋云系模式。对于完整连续的华北冷锋云带处在 500 hPa 高空槽前,与西南气流近乎相平行,在云带中的明亮处都有与降水相联。对于处在 500 hPa 槽后的冷锋,无论是冬季还是夏季,云系都很少。西北—华北冷锋云带常为密蔽的连续完整的云带,云系色调白以多层云为主;但到夏季,在下午由于云分布造成局地热力作用不均匀,云区表现为纹理不均匀的对流性云系出现;云带表现为气旋性弯曲,呈东北—西南走向,有时宽度可达 4~6 个纬距。

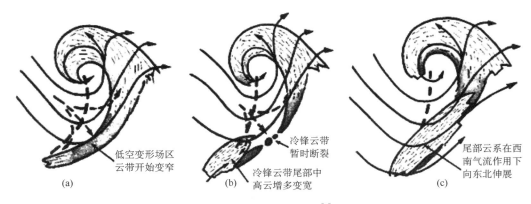

图 3.4　冷锋云系模式[2]

②青藏高原冷锋云系

青藏高原地形复杂,拔海高度大约平均在 5000 m,气象测站少,人们对大气活动了解得不是十分清楚。有人认为冷锋难以爬越上高原。因此,卫星观测技术的发展成为研究青藏高原上冷空气活动的主要手段之一。

在冬季,当西风带高空槽强烈发展时,其振幅加大,盛行经向环流,导致冷空气从新疆侵入青藏高原,造成青藏高原上的寒潮大风天气。一般强的冷空气先侵入新疆,地面出现强的冷高压,接着翻越昆仑山到达青藏高原,然后从西北向东南越过整个青藏高原。在云图上表现为在新疆有一条宽约二个纬距、由卷云和高层云为主的云带,地面锋定在云带中间靠前的地方;冷锋到达高原上后,云系以卷云和积状云为主,宽度变窄,地面锋在云带的前界处。

对于较弱的冷锋主要影响高原的东北部或东部;对于一些较强的冷锋可使高原出现 5~7℃ 的降温天气。在卫星云图上冷锋不仅可以翻越到高原北部山区,到达高原中部和南部,而且可以越过整个青藏高原到达高原南部地区。

③西南冷锋云系

冬季侵入西南地区的冷空气路径有两条:一是称为高原路径,冷空气从新疆翻越昆仑山进入西藏高原后,从西北向东南扫过青藏高原侵入云南、四川,然后影响贵州;另一条是偏北路径,冷空气从新疆东移后沿高原北缘急转南下侵入西南地区。

对于翻越青藏高原和从新疆东移的冷锋云系进入西南地区后,因西南气流的影响,云系很快增密、色调变白,宽度可达 3 个纬距左右,云带的后界较清楚,前界松散不整齐,云系以高、中、低云组成的多层云系,地面冷锋定在云带中间或前界附近;冷锋的西段位于横断山脉地区,其主要特征与青藏高原冷锋类似。

从青海湖侵入西南地区的冷锋常与其前方暖区的中小尺度云系连在一起,造成锋分析上的困难,但是锋与暖区云系不同之处是:冷锋云系表现有与云带平行的纹线或纤维状结构;而暖区的中小尺度云系表现为离散的、团状的稠密云区。形成西南冷锋还有下面两种情形:a. 处在蒙古西部的高空冷涡的后部常会分裂出一股股冷空气南下入侵西南地区,并与南方低纬度北上的西南气流中的云系结合,发展成冷锋云带;b. 在夏季,西南地区时常存有一条太平洋高压和青藏高原高压之间形成的切变线云带,当在云带西北侧青海湖的冷空气南下侵入,并注入切变线云带时,就形成川滇冷锋云系。

④东北冷锋云系

东北地区是气旋多发地区,该地的冷锋多与气旋相关联,在发展完好气旋云系的东南一侧伸出一条气旋性弯曲的冷锋云带。该地区的冷锋云带都较完整,云带以多层云为主,宽在 3～4 个纬距左右,云带中色调最白的地方有强降水。有时在一条主要云带的后部,从涡旋的西北到西南象限伸出一条或几条副冷锋云带,其宽度较窄,从西北向东南方急速移动,在夏季时常伴有雷暴天气。

⑤南方冷锋云系

在长江以南地区,由于热带洋面水汽输送,水汽丰富,冷锋常表现为一条连续的云带。在冬季,南方冷锋锋面坡度小,云带很宽,有时达五个纬距以上,地面冷锋定在云带前界附近,云带北界(中低云)与 700 hPa 切变线位于云带中低云的北界处。到夏季,副热带高压加强北上西进,南方冷锋的坡度变大,云带变窄,由于冷空气变性,冷锋云系演变为切变性云系。

从图 3.5 a 可看出,2011 年 6 月 14 日梅雨锋暴雨过程中长江中下游地区存在一条准东西向的 θ_{se} 锋,356 K 高值中心位于锋面南侧,长江以北 θ_{se} 迅速减小,312 K 的极小中心位于渤海上空,中尺度深对流发生于强 θ_{se} 锋区前缘的高能舌中,并与湿轴对应,季风云团输送至江南北部的水汽通量高达 30 g/(s·hPa·cm)。梅雨锋北侧的冷空气主要来自东面较冷的中纬度洋面,受偏东气流引导,江南北部至江淮有明显的冷舌发展,南部为暖的季风云团,从而在江南北部有强温度锋区建立。从图 5b 可见,冷舌主要位于 925～700 hPa,以 925 hPa 最强。700 hPa 以上温度锋区逐渐减弱,湿度锋区明显加强,干舌由对流层顶向下延展,与低空暖舌在江南北部叠置,这股来自中高层的干空气侵入低层暖湿空气的下面,在斜压区激发出中尺度涡旋,冷暖气流在地面至对流层中低层的交汇激发正涡度柱沿锋区爬升,加强了层结不稳定,使对流发展。

由于此次过程的西南急流暴雨带以及地面静止锋基本平行,将沿 22°N,120°E 穿过波阳最强暴雨中心到 34°N,114°E 作物理量场的垂直剖面,以 θ_{se} 的密集带来表征暴雨时段垂直锋区的变化。14 日 20 时,30°N 附近 θ_{se} 锋区向上伸展至 700 hPa 左右,坡度小,并随着高度向北倾斜(图 3.6 a),这与典型梅雨锋斜压性弱坡度陡直的垂直结构明显不同,15 日凌晨 θ_{se} 密集锋区斜率增大,θ_{se} 舌的轴线变为垂直向上,有利于高层的干冷空气向下侵入和低层暖湿空气沿锋区爬升,冷暖气流在 500 hPa 相遇(图 3.6b),促使气旋性涡度剧烈发展,对应实况 15 日 02:00 6 h 累积 100 mm 以上降水区域较前一时次明显增大,08:00 中高层冷空气继续向下伸展,与低层暖湿空气几乎打通(图 3.6c),28°~30°N θ_{se} 锋区转为陡立形态,θ_{se} 的垂直梯度减小,反映了在锋面上方降水的湿绝热过程中 θ_{se} 逐渐接近守恒之后,锋区逐渐转为随高度向南倾斜,暴雨也接近了尾声。

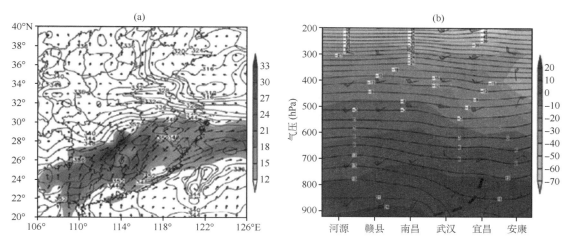

图 3.5 2011 年 6 月 14 日 20 时 850 hPa(矢量,单位:m/s)、假相当位温(等值线,单位:K)、水汽通量(阴影区,单位:g/(s·hPa·cm))分布(a);850 hPa 温度(等值线,单位:℃)、露点温度(阴影区,单位:℃)、风(风羽,单位:m/s)的垂直剖面(b)[4]

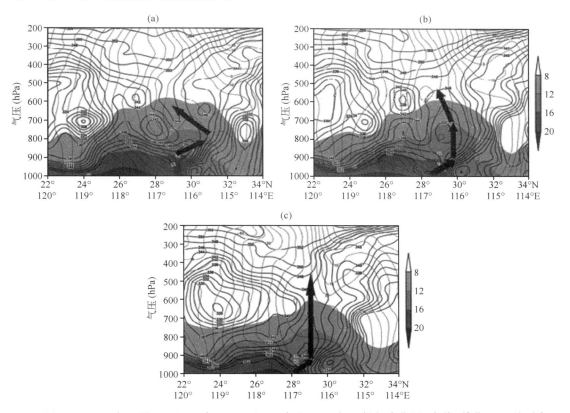

图 3.6 2011 年 6 月 14 日 20 时(a)、15 日 02 时(b)、08 时(c)假相当位温(实线,单位:K)、绝对角动量(虚线,单位:m/s)、比湿(阴影区,单位:g/kg)的垂直剖面(粗箭头代表垂直环流)[4]

与周围其他地区相比,梅雨锋区内无论东西风还是南北风,其垂直变化和水平变化都比较明显,计算结果表明,风速水平变化的变率介于每 100 km 达 2～4 m/s,垂直变化更加显著,由地面至对流层中层,风垂直切变维持在 19～23 m/s。另外,从温度的水平变化来看,等压面上锋区内沿 X 方向温度变率不大,但在 Y 方向变率明显加强,锋区最大强度达每五个经距 8℃。这些特征均表明此次短时暴雨具有强的斜压锋区结构。由此可见,此次暴雨过程具有梅雨锋结构的一些普通特征,如在对流层中下层表现为强 θ_{se} 水平梯度形成的锋面,梅雨锋区是一个中低层正涡度带以及风和水汽的辐合带,但同时又具有其特殊性,此次短时暴雨过程斜压性强,锋面坡度小,锋区强度强,两侧存在明显的温度对比,是具有极锋性质的梅雨锋,锋区内水平风切变和垂直风切变均非常显著,大气湿斜压性越强,越有利于锋面气旋发展,从而导致短时暴雨的发生。对称不稳定机制中尺度雨带的发展,除了特定的触发条件,使其不稳定发展的环境条件也必不可少,如对称不稳定机制,它可以用来解释与锋面平行的中尺度雨带的形成和发展,这次暴雨的初始阶段即存在明显的对称不稳定特征。

在国内文献中,典型梅雨锋由于锋面坡度大,降水发生时以垂直对流出现的情况居多[5,6]。而此次过程由于边界层辐合锋面和高空急流等抬升强迫机制的共同作用,促使湿对称不稳定能量释放,从而产生倾斜对流,使强降水维持,是短时暴雨区别于典型梅雨的热力特征之一。15 日 02 时(图 3.6b),冷暖平流加强,垂直对流开始发展,原本倾斜的上升气流逐渐转竖,雨区上空在 900～500 hPa 上,θ_{se} 随高度的增加而减小,为条件性对流不稳定结构。15 日 08:00,对流不稳定结构扩展至 900～700 hPa,其强度较 02 时有所减弱,雨区上空为强迫抬升主导(图 3.6c)另外,900 hPa 以下在暴雨区上空始终为湿中性层结,而在对流层高层,由于始终存在惯性稳定和对流稳定层结,且等 θ_{se} 线的斜率始终大于等 M 线的,因此具有对称不稳定层结,高层对称不稳定机制的建立,引起对流运动向上强烈发展,使得暴雨加剧。

从上述典型梅雨锋产生降水的天气分析表明,对称不稳定是锋面降水产生的重要机制之一,短时暴雨的强锋区结构使其热力不稳定环境表现为倾斜对流的形式,区别于普通梅雨的垂直对流随着低空暖湿平流加强,湿对称不稳定环境中,沿锋面上升形成的带状云和降水导致潜热释放,在对流层中层形成垂直对流不稳定并继续发展短历时暴雨的发展和维持机制。

(3)暖锋云系及动力学特征

活跃的暖锋云系表现有以下主要特点:

暖锋云系宽为 300～500 km,长达几百千米的云带,长宽之比很小,如图 3.7;暖锋云系向冷区凸起(凡是向冷区凸起表示有强的西南气流—暖湿空气向北推进),云区内常出现反气旋弯曲的纹线,清晰可见;暖锋云区的顶部为大片卷云覆盖区,在这卷云下面是高层云、雨层云和积状云,云区的色调白亮,常伴有较大的降水(图 3.7);暖区的顶端在云区由凸变凹的地方,暖锋的位置定在云区向北凸起的下方,且与云区中的纹线相平行,如图 3.8 所示。

(4)准静止锋云系及动力学特征

准静止锋是指当冷暖气团势力相当,锋面很少移动时,成为准静止锋。锋面并不是绝对静止的,在这期间,冷暖气团势力相当互相对峙着,有时冷气团占主导地位,有时暖气团占主导地位,使得锋面来回摆动。准静止锋云系可分为两类:一类是无降水或仅有层积云或雨量极小的零星降水。该类多半处在高压控制下,锋上暖空气中没有显著的云,在锋面稳定层下有冷湿空气沿地形抬升而形成层积云,锋上暖空气较干,沿着锋面没有明显的云系出现(图 3.9a)。另一类是有显著的降水,锋上有较强的上升运动,由于静止锋往往坡度较小,暖空气要滑升到距地面锋线一段距离才能有明显的降水,降水区不一定从地面锋线开始(图 3.9b);但若锋面坡度稍大,地面辐合又强,降水区就可以从锋线开始,雨区北界位置往往与 700 hPa 切变线位置一致。准静止锋停滞某地区时,就使该地区产生连阴雨天气。

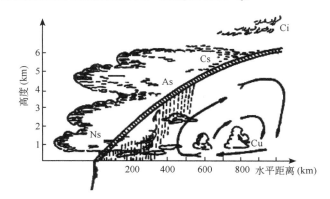

图 3.7　暖锋的云系[2]

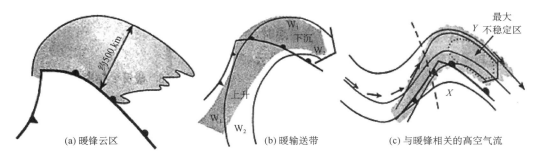

图 3.8　暖锋云系与流场示意图[2]

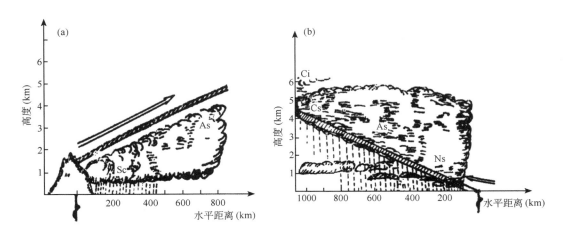

图 3.9　准静止锋云系[2]

在我国华南和云贵高原等地区常见到冷锋由于受到山脉阻挡或适当流场共同作用而形成准静止锋。冬季强准静止锋事件多发于 1、2 月,其发生频次在近 12 年里呈现明显上升趋势。

强准静止锋锋区表现为等假相当位温线、等温线的密集带,但是锋区湿度变化不明显,并有明显的逆温,锋区由南北风辐合构成,上升气流主要位于锋区上部,纬向有两个次级环流与锋区相对应,伴随正相对涡度和水汽通量辐合。根据850 hPa风场在锋区的辐合情况(图3.10),强准静止锋可分为北风辐合型、南北风辐合型、南风辐合型三种类型。在这三种类型中,北风辐合型对应的北方冷空气最强,华南降水最少;南风辐合型对应的南支槽最活跃,华南降水最多;南北风辐合型介于两者之间。冬季华南准静止锋与冬季华南降水有一定相关,在强准静止锋的背景下,降水偏多时,锋区低层的水汽通量辐合和上升运动偏强,华南处于偏强南支槽前,如图3.11和3.12所示。

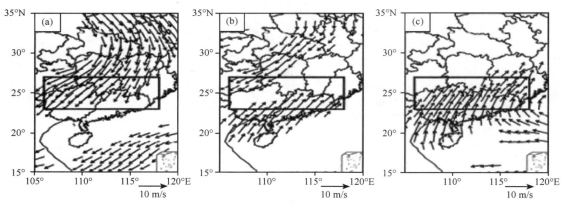

图 3.10　根据 850 hPa 风场分型的 3 种准静止锋类型图[7]

(a)北风辐合型;(b)南北风辐合型;(c)南风辐合型,图中风场为全风速≥4 m/s的风场,矩形框表示关键区(23°~27°N,116°~118°E,下同)

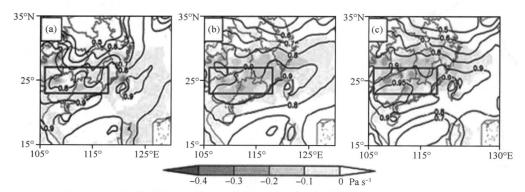

图 3.11　三种类型准静止锋合成的 850 hPa 相对湿度和 700 hPa 垂直速度图[7]

(a)北风辐合型;(b)南北风辐合型;(c)南风辐合型;图中等值线为相对湿度,黑色阴影为垂直速度(Pa/s)

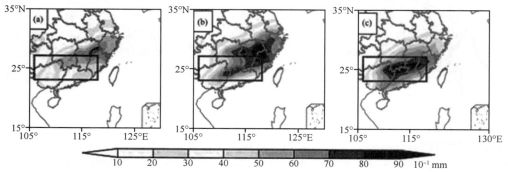

图 3.12　三种类型准静止锋合成的日降水量(0.1 mm)[7]

(a)北风辐合型;(b)南北风辐合型;(c)南风辐合型

（5）锢囚锋云系及动力学特征

锢囚锋是指暖气团、较冷气团和更冷气团（三种性质不同的气团）相遇时先构成两个锋面，然后其中一个锋面追上另一个锋面，形成锢囚。锢囚锋又分为三类：暖式锢囚锋（图 3.13a）、冷式锢囚锋（图 3.13b）、中性锢囚锋。

锢囚锋云系是由两条锋面的云系合并而成，云系多为高层云（雨层云）、复高积云和层积云等。

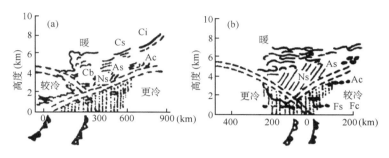

图 3.13　锢囚锋云系[2]

我国常见锢囚锋是受山脉阻挡所造成的地形锢囚。

3.2　中、小尺度天气系统的动力学特征

水平范围为几十至二三百千米，生命期约一到十几小时的天气系统，称为中尺度天气系统，如飑线、雷暴高压、中尺度低压等。对中小尺度天气系统的研究，是在分析暴雨、冰雹、龙卷等强对流天气中发展起来的，研究成果对预报上述灾害性天气具有重要的意义。此外，山谷风、海陆风等局地环流，由于水平范围在一二百千米以内，有明显的昼夜变化，同中尺度天气系统的时空尺度相当，也可划分在中尺度天气系统范围内，但其性质与上述的中尺度天气系统有本质上的区别。

了解中小尺度天气系统的物理机制，对作好强对流灾害性天气预报和人工影响天气工作很重要。然而中小尺度天气系统不是孤立的，它是在较大尺度天气系统的背景上活动的，它的发生发展同一定的环流背景和天气尺度系统的天气条件有关，同时它又对天气尺度天气系统有反馈作用。这是大气中各种不同尺度的天气系统间相互作用的一个复杂问题。从 20 世纪 60 年代以来，随着气象测站的增密和气象雷达、气象卫星等新技术的应用，中小尺度天气系统的分析研究有了很快的进展，在数值模拟（见大气运动数值试验）和预报方面也取得了显著成就，但由于观测资料仍然不足，对中小尺度天气系统的了解，还很不全面，有待于进一步研究解决。

3.2.1　雷暴

（1）雷暴分类

根据中尺度分类，将孤立对流系统根据其单体的数目、强度分为三类：普通单体雷暴、多单体风暴以及超级单体风暴[8]。利用对流单体之间的距离（L）和对流单体的直径（D）确定风暴类型：当 $L>D$ 时为多单体，$L<D$ 时为超级单体，当 $L/D<1$ 时主要是发展较弱的多单体；很

多科学家认为超级单体风暴与多单体风暴差异较小,在特定情况下多单体风暴能够发展成为超级单体风暴。超级单体与普通单体风暴的运动学分类方法主要是根据动力因子引起的低层气压值、垂直气压梯度(促进上升气流增强)、上升气流与垂直涡度相配合的程度、风暴的传播特征。当 6 km 以下气层中强的风切变或适当大小的总体 Richardson 数(公式(3.7))在 15~45 之间,是超级单体风暴形成的有利条件;然而多单体风暴的形成需要 R_i 达到 45 以上。

$$R_i = \frac{CAPE}{0.5 \times (\overline{u^2} + \overline{v^2})} > 45 \tag{3.7}$$

其中 $CAPE = g\int_{LFC}^{EL} \frac{\theta' - \theta_0}{\theta_0}$。

(2)不同雷暴形成的动力机制

风的垂直切变会使小的塔状积云发生倾斜,从而抑制对流。三类雷暴的形成与垂直风切变密切相关,在地面以上,6 km 以下的风垂直切变的大小显示,超级单体最强,多单体雷暴次之,普通单体雷暴则最小。

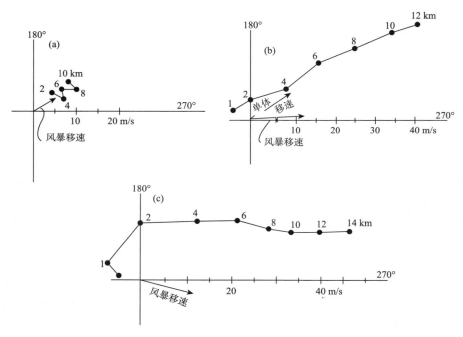

图 3.14　在加拿大冰雹研究计划中观测到的普通单体(a)、多单体(b)、超级单体(c)雷暴的高空风分析图[9]

一般的风的垂直切变对强风暴有四个方面的作用:

在切变环境中使上升气流倾斜,这使上升气流中形成的降水质点能够脱离出上升气流,从而不致会因拖带作用减弱上升气流。

增强中层干冷空气的吸入,加强风暴中的下沉气流和低层冷空气外流,之后通过强迫抬升使流入的暖湿空气更强烈地上升,从而加强对流。

造成一定的散度缝隙,有利于风暴在顺切变环境中不断再生,使得风暴向前传播。

能够产生流体动力学压力。

阵风锋辐合及其压力的作用是造成不同风暴特征的两种重要机制。

3.2.2　雷暴的生命史和动力学特征

（1）普通单体雷暴生命史及其动力学特征

国内外对雷暴的内部结构和发展过程进行了细致的研究，在其基础上，建立了普通雷暴单体的生命模式（图 3.15）。

表 3.5　雷暴生命史动力特征

生命史	上升、下沉气流及降水	动力特征
形成阶段	也称塔状积云阶段，云内主要表现由低层湿空气辐合形成一致的上升运动，速度一般在 5 m/s，最大上升速度可达 15～20 m/s，在上升气流的作用下形成两个到多个塔状积云。	这一阶段虽盛行上升气流，但在积云的云顶附近和顺切变侧可形成下沉气流。在积云上部可形成降水，云下气层中降水不明显（图 3.15a）
成熟阶段	上升气流变得更强，使得云顶形成凸起；云中出现下沉气流，到达地面的形成冷池和前沿出流。	这一阶段内由于上升、下沉气流、降水同时存在，云中乱流十分强烈；低层形成冷池和阵风锋使得前部暖湿空气，形成不稳定层结；高层强大的云砧开始形成（图 3.15b）
消散阶段	云砧后部的层状云结构特征明显；阵风锋向风暴前进的方向推进，阻止阵风锋上抬升的空气进入对流风暴中；	这一阶段的显著特点为上升气流逐渐减弱直至消失，对流性降水也开始不断削弱（图 3.15c）

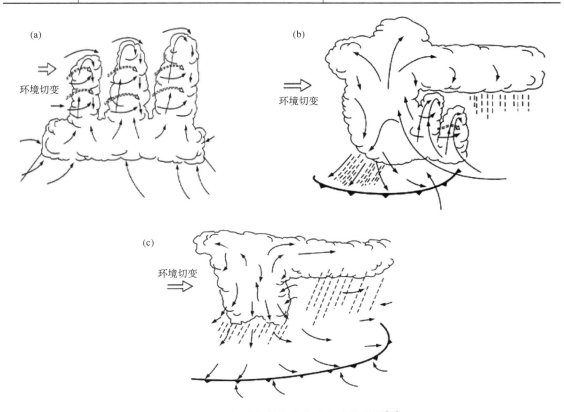

图 3.15　一般雷暴单体生命史模式结构图[10]

雷暴云发展的三个阶段:形成、成熟、消散阶段,每个阶段的动力、热力、微物理结构特征方面差异明显。

(2)多单体雷暴生命史及其动力学特征

由 2～4 个单体组成的雷暴称为多单体风暴,是多个处于不同发展阶段的强雷暴集合体,这些单体在风暴内横向排列。多单体水平尺度在约 30～50 km,垂直伸展至对流层顶,甚至穿入平流层几千米。组成风暴的单体不断地在风暴前侧发生,在其后部消亡,虽然对单个单体而言生命期不长,但通过单体的连续更替过程,整个多单体风暴可以维持很长时间,如图 3.16。

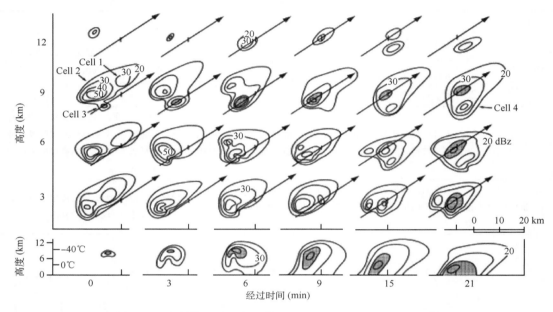

图 3.16 多单体风暴生命史各阶段的 PPI 和垂直剖面示意图[9]

PPI 表示四个高度(3、6、9、12 km)和八个不同时次。粗箭矢表示单体移动方向,也是剖面图底边的地理参考线;单体 3 加上阴影以强调其生命史长。

(3)超级单体雷暴生命史及其动力学特征

超级单体风暴比通常的成熟单体更巨大、更持久,其带来的天气更为强烈。一般发生在特定的环境条件下;同时超级单体具有近于稳态且高度组织的内部环流,并与环境风的垂直切变有密切的关系(图 3.17)。表 3.6 是超级单体的环境条件和回波特征。

表 3.6 超级单体的环境条件和回波特征

	环境条件	回波特征
超级单体动力学特征	强的不稳定层结	在平面上超级单体具有单一的细胞状结构,呈圆形或椭圆形,水平特征尺度 20～30 km,垂直伸展 12～15 km,(图 3.17b)。
	强的云下层平均环境风	在风暴移向的右边有一个持续的有界弱回波(BWER),水平尺度达 5～10 km,常呈圆锥状,伸展到整个风暴的 1/2 到 1/3 的厚度,弱回波区风暴上升气流达 25～40 m/s。
	强的环境风垂直切变	最强回波位于 BWER 的左边,在紧靠 BWER 的一侧有夹杂大冰雹的降水。
	风向随高度强烈顺转	风暴中存在从中心向下游伸展的大片卷云羽,长度达 60～150 km,与其相伴的是 100～300 km 的可见云砧。

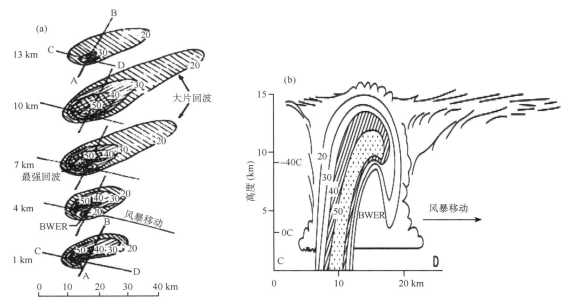

图 3.17 超级单体风暴雷达结构平面位置显示图[8]

反射率强度等值线,单位:dBZ

图 3.18 和 3.19 是超级单体风暴的二维及三维结构。风暴的二维模式结构表明风暴生长在切变环境中,其内部有组织化的上升气流和下沉气流同时存在,上升气流来自于对流层低层,下沉气流来自于对流层中层。在此基础上改进的三维模式显示上升气流从右前方进入风暴,到高层作气旋式扭转进入砧状云区。下沉气流在对流层中层从风暴右侧进入,在左后方离开风暴。

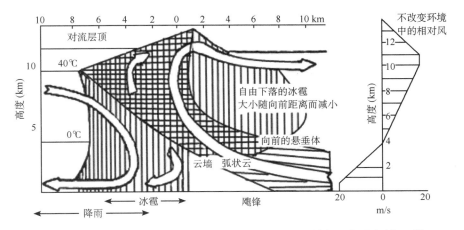

图 3.18 强风暴二维气流模式(沿着风暴移向通过风暴中心的垂直剖面)[8]

水平阴影表示上升气流,垂直阴影为雷达回波区

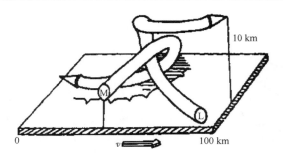

图 3.19　强风暴的三维气流模式[8]

L(低)和 M(中)表示上升气流和下沉气流的主要层次,阴影区表示地面降水的范围;锯齿线是地面飑锋的位置;v 是风暴移速

在三维结构模式的基础上,图 3.20 给出超级单体的低层反射率轮廓线、倾斜上升气流、环境水平涡管、中低空中气旋、后侧下沉区、地面冷堆、出流边界等主要特征的空间分布。超级单体低层反射率具有钩状、楔状和 V 形缺口等反射率特征,降雹区位于其运动方向后侧低空强反射率区中,由于强降水、降雹和蒸发冷却作用导致下沉运动使得超级单体经过路径上形成地面冷池,前侧形成地面出流边界;主上升气流由超级单体运动方向前侧的低空进入风暴,然后逐渐倾斜上升,同时该上升气流将低空垂直风切变形成的水平涡管拉入超级单体风暴内,随着入流气流由水平转为垂直方向的上升气流,这些来自地面的水平涡管由水平变成倾斜、最终汇入风暴的主上升气流中,形成垂直涡管,加强了风暴中上升气流的旋转程度,形成了速度场上的中气旋特征成为超级单体结构的主要特征;上升气流继续上升,到达风暴顶附近时形成强烈的辐散气流,这里也是大冰雹增长发展之处。

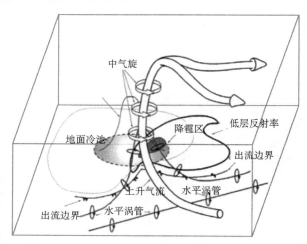

图 3.20　超级单体空间结构主要特征示意图[8]

3.2.3　飑线及其动力学特征

(1)飑线概念及其发生发展条件

飑线是具有深厚对流单体群组合而成线状或带状中尺度对流系统,是一种典型的对流云系,其水平尺度约 150～300 km,生命期一般 4～10 h,是强天气中破坏性最强和最大的,沿飑

线经常可见到大风、强雷暴、强降水和冰雹等天气现象,有时还伴有下击暴流或龙卷,带来灾害性的破坏。因此,在强天气分析预报中,飑线也是最被重视的对象之一。

根据飑线的发生时和发生前 12 小时内高、低空环流特征以及天气系统的差异,将我国飑线发生时的天气型大致分为四种,下文对这四种天气型进行详细介绍(表 3.7)。

表 3.7　我国飑线发生时天气型

	我国飑线发生时的天气型
槽后型	飑线主要出现在冷锋前暖区中,飑线生成后常以比冷锋更快的速度向前传播。暖区中的飑线有两种:一种与冷锋平行,另一种与暖锋平行。因而飑线向南或东南移动时,常能相遇,在交线附近出现强烈的对流性天气。有的飑线是发生在锋后强风速中,然后穿过冷锋传播到暖区中。也有飑线产生在冷锋上,部分冷锋的前沿即为飑线,其传播情况与冷锋的运动基本一致,如图 3.21。
槽前型	这类飑线发生在 500 hPa 槽前西南气流中。高空槽从西北地区移来,由于受到副热带高压的阻挡,移动减慢,随着槽的发展,槽后冷平流加强,并且能扩展到槽前地区,建立槽前不稳定层结分布。有时槽前冷平流并不明显,有时呈弱暖平流,但低空暖平流很强(或处于暖湿区内),因而也有利于位势不稳定层结的建立。在高空槽前中层有时有一强风速区(>20 m/s),飑线发生在这个强风速轴与高空槽线之间。有时大槽停滞或者移动缓慢,槽前西南气流中常有短波分裂东移,对飑线生成有触发作用。
高后型	副热带高压在我国沿海地区稳定或西伸时,或中纬度高压脊缓慢东移时,在高压西部边缘的偏南气流中常有飑线生成。飑线一般沿偏南气流向北移动,可连接出现。副高西部边沿的湿舌明显,其厚度可达 500 hPa,常建立深厚的位势不稳定层结。飑线多出现在湿舌两侧,在湿舌之右最为常见。若高原地区有青藏高压存在,两高之间形成一较深厚的南北向切变线时,对流天气可维持较长的时间。
台风倒槽型或东风波型	当副高从海上西伸到大陆时,在其南侧东风气流中可有东风波或台风倒槽西移。在一定条件下也能形成强对流天气或飑线。强雷暴云主要出现在槽前和槽线附近。此类飑线个例较少。

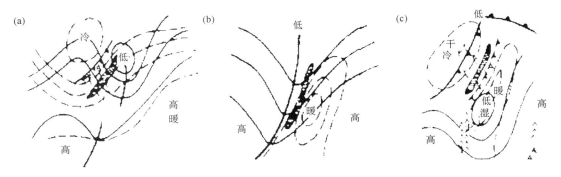

图 3.21　槽后型概略图[10]

(a)500 hPa;(b)850 hPa;(c)地面图,阴影区为飑线发生区

飑线发生发展的需具备以下物理条件:

1)层结特征

飑线发生前,大致有两种层结。一种是在 850 hPa 以下有一明显的湿层,850～600 hPa 是一干层,在此干湿层间,850～800 hPa 间有逆温层。在 600～500 hPa 是第二湿层,较浅薄。再向上又是一干层,总看飑线发生前,其层结是明显的下湿上干的位势不稳定层结。另一种层结曲线湿层比较深厚,可达 600 hPa。600 hPa 以上是干层,在 600～650 hPa 有一近等温层的稳定层。另外在 800～850 hPa 也有一弱的逆温层。这种位势不稳定层结,所包含的不稳定能量较前者为大。在这种层结下,所造成的对流天气比前一种情况要强烈。

　　四种飑线发生时,除倒槽类外,以槽后类最大,槽前类最小。从各类飑线抬升凝结高度和自由对流高度看,以倒槽类和槽前类的高度最低,其次是高后类,槽后类较高,因而这类飑线发生所需要的抬升作用应比其他几类要大,需要有较强的触发机制才能使得对流发生。这与槽后类低层的湿度较低有关。

　　2)环境纬向风的垂直切变

　　强风暴一般多出现在强的垂直切变环境中。为此,求取了飑线发生区 200 hPa 与 850 hPa 纬向风速差的平均值。槽后型最大,其次是槽前型,高后型和倒槽型较小。课件槽后型和槽前型飑线是在强垂直切变环境下发展的,这可能是他们所产生的飑线比其他两类的飑线要强烈的一个原因。

　　3)低空急流

　　一般只有槽前型飑线才有低空急流出现,它对飑线天气的发生发展有重要作用。它不但能输送水汽和热量,而且也常是强对流天气的一种触发条件。飑线发生前,常有一次低空急流加强过程。

　　飑线和暴雨物理条件的对比,发生飑线时中层以上的温度比暴雨时明显偏低,至 500 hPa 已经低 6℃以上,因而 9 km 以下飑线的递减率比暴雨大 1 摄氏度每千米,飑线的不稳定层次比暴雨厚,但自由对流高度要高一些。说明飑线需要有比暴雨更大一些的触发条件才能爆发天气,但一旦有对流发展,其对流强度要比暴雨猛烈。各项水汽条件的指标差异也很大,暴雨的水汽条件比飑线要大得多,暴雨的整个水汽辐合比飑线要大三倍。这表明若使暴雨维持,水汽应比飑线大二倍的速度向暴雨区辐合,而对于飑线活动则与空气气柱本身所含水量关系更大些。

　　纬向风的垂直切变也有很大的差别,暴雨一般是在弱的切变环境中发展的。暴雨和槽前型飑线的差异是很明显的。暴雨和飑线二者有关气团性质上也有明显差异。二者在低空温度差别较小,湿度上差异是主要的;中层的温度、湿度差异都相当明显,飑线的中层空气非常干、冷,尤其是湿度更明显,两者露点差可达 13℃。这是由于强对流天气与高层干、冷空气活动紧密联系在一起有关,而暴雨 500 hPa 甚至更高一些的层次以下都是相当潮湿的。暴雨一般是发生在较深厚的暖湿气团中,二者的对流顶高度差也反映出这一事实。暴雨主要取决于中、低层暖湿气团的性质及其与冷空气对的水平配置;而飑线天气则主要取决于中、上层冷(干)空气(或冷平流)的强度以及它与中、低层暖湿空气的垂直配置。

　　(2)飑线理论模型

　　对于飑线的解析模式研究较为广泛,按照飑线的动力状态将其分为两类,建立了引导层型和传播型理论模型。

　　图 3.22 的给出了这两类飑线的二维相对气流形态。如图 3.22a 所示,由于环境风有明显的垂直切变,因此在沿风暴移动方向的二维垂直剖面上,风暴前部低层为相对流入,高层为相对流出;风暴后部高层为相对流入,低层为相对流出。在某一高度上,相对入流为零。风暴以高度上的环境风速移动。由于风暴移动受引导层气流支配,因而称为引导层型风暴。

　　传播型风暴的环境特征如图 3.22b 所示。由于环境风没有明显的风速垂直切变,因此在沿风暴移动方向的垂直剖面上,风暴前各层均为相对入流,而风暴后部各层均为相对出流。这类风暴的移动不受某一特定气层(即引导层)气流的支配,因此表现出明显的传播性,低纬度地区风速垂直切变较小,因此常出现这类传播型的风暴系统。

下文介绍建立飑线理论模型时所采用的研究方法和主要结果。

1）基本方程组

讨论问题的基本方程组是扰动形式的 Boussinesq 方程组。

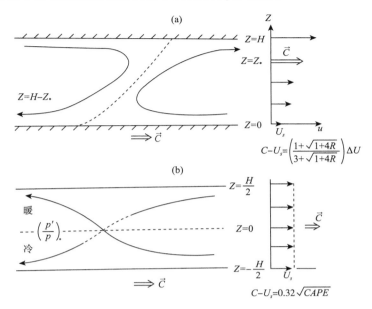

图 3.22　引导层型（a）和传播型（b）风暴的理想化相对气流模型[8]

$$\frac{\mathrm{d}u}{\mathrm{d}t} - fv = -\frac{\partial}{\partial x}\left(\frac{p'}{\bar{\rho}}\right) \tag{3.8}$$

$$\frac{\mathrm{d}v}{\mathrm{d}t} + fu = -\frac{\partial}{\partial y}\left(\frac{p'}{\bar{\rho}}\right) \tag{3.9}$$

$$\frac{\mathrm{d}w}{\mathrm{d}t} - g\,\frac{\theta'}{\bar{\theta}} = -\frac{\partial}{\partial y}\left(\frac{p'}{\bar{\rho}}\right) \tag{3.10}$$

$$\nabla \boldsymbol{V} = -w\,\frac{\partial}{\partial z}(\ln\bar{\rho}) \tag{3.11}$$

$$\frac{\mathrm{d}\left(\frac{\theta'}{\bar{\theta}}\right)}{\mathrm{d}t} = -Bw + \dot{Q} \tag{3.12}$$

特别说明式（3.12）中：$B = \frac{1}{\bar{\theta}}\frac{\mathrm{d}\bar{\theta}}{\mathrm{d}z}$ 为静力稳定度参数；$p' = P - \bar{P}(z)$；$\theta' = \theta - \bar{\theta}(z)$；$\dot{Q}$ 为非绝热加热率；其余为常用符号。

为了研究环境风相对系统的相对气流，以 x 轴指向对流系统的方向，y 轴指向其左方，z 轴指向其上方，建立以对流系统移速移动的坐标系。由于研究对象的时间尺度为几小时的强对流系统，空气质点从云底上升到云顶的时间只有十几分钟，明显小于系统的生命期，因此，可以在上述坐标系中，成熟阶段的对流云中的物理状态可以考虑为定常。

将（3.8）、（3.9）、（3.10）式分别乘以 u、v、w，然后相加，并设 $\frac{\partial}{\partial t}(p'/\rho) = 0$，$V^2 = u^2 + v^2 + w^2$

可得能量方程

$$\frac{\mathrm{d}}{\mathrm{d}t}\left(\frac{1}{2}V^2 + \frac{p'}{\rho}\right) = g\frac{\theta'}{\theta} \tag{3.13}$$

按照流体力学拉格朗日观点,对任意一个 $w \cdot F$ 形式的函数,在稳定气流中都可以写为

$$w \cdot F = \frac{\mathrm{d}}{\mathrm{d}t}\int_{z_0}^{z} F\mathrm{d}z \tag{3.14}$$

其中,F 为沿流线计算的物理量;z_0 为参考高度,代表流线的入流高度。$z-z_0$ 为相对参考高度 z_0 的位移。按照以上关系式,则对流线计算的 $\frac{\theta'}{\theta}$ 有

$$w\frac{\theta'}{\theta} = \frac{\mathrm{d}}{\mathrm{d}t}\int_{z_0}^{z}\frac{\theta'}{\theta}\mathrm{d}z \tag{3.15}$$

因而

$$\frac{1}{2}V^2 + \frac{p'}{\rho} - \int_{z_0}^{z} g\frac{\theta'}{\theta}\mathrm{d}z = C_1(\Psi) \tag{3.16}$$

上式表明,沿着某一流线,动能、动压力及有效位能三者之和都是守恒的(C_1 为常数)。

由于未受到扰动的环境气流是静力的,在 $z=z_0$ 处,$p'=0$,因此由上式可得

$$\frac{1}{2}(V^2 - V_0^2) - \int_{z_0}^{z} g\frac{\theta'}{\theta}\mathrm{d}z + \frac{p'}{\rho} = 0 \tag{3.17}$$

从热力学方程出发,假设热源 $\dot{Q}$ 可表示成垂直速度 w 的函数,即 $\dot{Q}=w \cdot F$。设非绝热加热主要由水的相变过程提供,则系 $F\cong -\frac{L}{c_p\bar{\theta}}\frac{\partial\overline{q_s}}{\partial z}$,$F-B\cong(\gamma-\gamma_s)/\bar{\theta}$,即 $F-B$ 是一个较复杂的状态函数,为了简化起见,取 $S=F-B=\mathrm{const}$,S 可认为是 $F-B$ 的平均值。将 $\dot{Q}=w \cdot F$ 及 $F=S+B$ 代入(3.12)式,则得下列形式的热力学方程

$$\frac{\mathrm{d}}{\mathrm{d}t}\left(\frac{\theta'}{\theta}\right) = Sw \tag{3.18}$$

根据(3.14)式,由上式可得

$$\frac{\theta'}{\theta} - \int_{z_0}^{z} S\mathrm{d}z = C_2(\Psi) \tag{3.19}$$

由于在 $(z-z_0)$ 处,$\theta'=0$,得

$$\frac{\theta'}{\theta} - S(z-z_0) = 0 \tag{3.20}$$

质量守恒性可用流管质量通量的形式表示

$$\bar{\rho}V\mathrm{d}S = C_3(\Psi) \tag{3.21}$$

式中 S 为流管的横截面积;C_3 为常数。于是联合上述方程便分别表示了在稳定气流中的各种守恒性。

2)位移方程和涡度方程

将公式(3.20)和(3.21)代入公式(3.17),并考虑在入流层和出流层均匀水平运动的流管场,即 $V_1=u_1$,$V_0=u_0$,$\mathrm{d}s_1=\mathrm{d}y_1\mathrm{d}z_1$,$\mathrm{d}s_0=\mathrm{d}y_0\mathrm{d}z_0$,因而得

$$\left(\frac{\overline{\rho_0}\,\mathrm{d}y_0\mathrm{d}z_0}{\rho_1\,\mathrm{d}y_1\mathrm{d}z_1}\right)^2 = 1 + \frac{2}{u_0^2}\left[\int_{z_0}^{z_1} gs(z_1-z_0)\mathrm{d}z - \frac{p'}{\rho_1}\right] \tag{3.22}$$

若 z_1 表示从 z_0 层流入的质点对应的流程层,z 为参考高度,在静力条件下,由式(3.22)可得

$$\left(\frac{p'}{\rho}\right)_1 = \int_{z_0}^{z_1} g\left(\frac{\theta'}{\theta}\right)_1 \mathrm{d}z = \int_{z_0}^{z_*} g\left(\frac{\theta'}{\theta}\right) \mathrm{d}z + \int_{z_*}^{z_1} g\left(\frac{\theta'}{\theta}\right) \mathrm{d}z \tag{3.23}$$

$$\left(\frac{p'}{\rho}\right)_1 = \int_{z_0}^{z_*} g\left(\frac{\theta'}{\theta}\right)_1 \mathrm{d}z \tag{3.24}$$

因而可得

$$\left(\frac{p'}{\rho}\right)_1 = \left(\frac{p'_1}{\rho}\right)_* + \int_{z_0}^{z_*} g\left(\frac{\theta'}{\theta}\right)_1 \mathrm{d}z \tag{3.25}$$

以上各式中，下标 1、* 分别表示入流层、出流层 z_1 及参考层 Z^* 的参数。

假定 $\rho = \rho s e^{-L/H_0}$，将公式(3.20)和式(3.25)代入公式(3.22)中，整理后得

$$\left(\frac{\mathrm{d}z_0}{\mathrm{d}z_1}\right)^2 = \left(\frac{\mathrm{d}y_1}{\mathrm{d}y_0}\right)^2 \left\{1 - \frac{2}{u_0^2}\left(\frac{p'_1}{\rho}\right)_* + \frac{2gS}{u_0^2} \cdot \left[\frac{z_1 - z_0}{2} - \int_{z_*}^{z_1}(z_1 - z_0)\mathrm{d}z\right]\right\} e^{2(z_0 - z_1)/H_0} \tag{3.26}$$

式(3.26)中：$H_0 = \left(-\frac{1}{\rho}\frac{\partial \bar{\rho}}{\partial z}\right)^{-1}$ 为大气标高。式(3.26)称为位移方程。在求解时将假设 $\frac{\mathrm{d}y_1}{\mathrm{d}y_0} = 1, H_0 \to \infty$，因此(3.26)式可以简化为

$$\left(\frac{\mathrm{d}z_0}{\mathrm{d}z_1}\right)^2 = \left\{1 - \frac{2}{u_0^2}\left(\frac{p'_1}{\rho}\right)_* + \frac{2gS}{u_0^2} \cdot \left[\frac{z_1 - z_0}{2} - \int_{z_*}^{z_1}(z_1 - z_0)\mathrm{d}z\right]\right\} \tag{3.27}$$

方程(3.27)是入流高度为 z_0 的质点位移方程，它是一个非线性方程。

做运算：$\frac{\partial}{\partial z}(3.8) - \frac{\partial}{\partial x}(3.9)$，忽略 f 项的作用，可以得到下列形式的 (x, z) 平面二维运动($v = 0$)的涡度方程

$$\frac{\mathrm{d}\eta}{\mathrm{d}t} + \eta\left(\frac{\partial u}{\partial x} + \frac{\partial w}{\partial z}\right) + g\frac{\partial}{\partial x}\left(\frac{\theta'}{\theta}\right) = 0 \tag{3.28}$$

其中：$\eta = \frac{\partial u}{\partial z} - \frac{\partial w}{\partial x}$，第二项表示由辐散、辐合引起的涡度变化，第二项表示斜压项的作用。引入流函数 Ψ，使 $\bar{\rho}u = \frac{\partial \Psi}{\partial z}, \bar{\rho}w = \frac{\partial \Psi}{\partial x}$。

则(3.28)式可以写成

$$\bar{\rho}^{-1} \nabla \cdot |\bar{\rho}^{-1} \nabla \Psi| + gS(z - z_0)/(\bar{\rho_0}u_0) = C_4(\Psi) \tag{3.29}$$

假设环境风场是常值切变，$\frac{\mathrm{d}u_0}{\mathrm{d}t} = 2A$，故

$$u_0(z_0) = u_0(z_*) + 2A(z_0 - z_*) \tag{3.30}$$

(3.29)式进一步可表示为

$$\nabla^2 \Psi + H_0^{-1}\frac{\partial \Psi}{\partial z} = \left[2A + \frac{gS(z - z_0)}{u_0(z_*) + 2A(z_0 - z_*)}\right]\frac{\bar{\rho}^2}{\rho_0^2} \tag{3.31}$$

上式称为涡度方程。

3)引导层型解

在图中已经给出引导层风暴的理想化模型，在这种风暴中，存在某一高度 Z，在此高度上相对入流为零，风暴移动受这一高度上的气流所支配。下面我们应用位移和涡度方程来求出 Z 的高度、风暴的移速、流出层风的结构。由于 $\left(\frac{p'}{\rho}\right)_*$ 是沿着 $z = z_*$ 流线的动能与非静力压力

变化,故这种流型的位移方程中的 $\left(\dfrac{p'}{\rho}\right)_*=0$。考虑环境风为线性垂直切变,把(3.30)式代入(3.27)式中,并进行分部积分,得

$$\left(\frac{\mathrm{d}z_0}{\mathrm{d}z_1}\right)^2 = 1 + \frac{R}{(z_0-z_*)^2}\left(z_0^2-z_*^2-2\int_{z_*}^{z_1}z_1\,\mathrm{d}z_0\right) \tag{3.32}$$

其中,$R\equiv gS/(4A^2)$,上式两边对 z_1 求导,得

$$\frac{(z_0-z_*)^2}{2}\frac{\mathrm{d}^2 z_0}{\mathrm{d}z_1^2} + (z_0-z_*)\left(\frac{\mathrm{d}z_0}{\mathrm{d}z_1}\right)^2 = (z_0-z_*) + R(z_0-z_1) \tag{3.33}$$

在满足边界条件 $z_1=z_*$,$z_0=z_*$ 时,(3.33)式的解为

$$z_0-z_* = -\beta(z_1-z_*) \tag{3.34}$$

其中 $\beta(\beta-1)=R$。

(3.34)式表明 β 在物理上代表流管入口处厚度与出口处厚度之比。由(3.34)式表明,它也代表流出处风速与流入处风速之比。

由 $z_0=0$ 时,$z_1=H$ 得

$$z_* = \beta H/(1+\beta) \tag{3.35}$$

系统相对于 $z=0$ 处的移速为

$$C = 2Az_* = 2AH(1+\sqrt{1+4R})/(3+\sqrt{1+4R}) \tag{3.36}$$

解涡度方程(3.31)也可以得到同样的引导层高度和系统的传播速度。

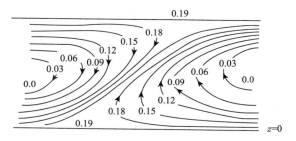

图 3.23　表示 $R=1$ 时的流函数分布[8]

图 3.23 中内边界两侧需满足气压连续条件,由(3.17)式,内边界的上升支侧满足

$$\frac{1}{2}V_u^2 + \frac{p'u}{\rho} - \frac{1}{2}gSz^2 = u_0^2(0) \tag{3.37}$$

内边界的下沉支侧满足

$$\frac{1}{2}V_D^2 + \frac{p'D}{\rho} - \frac{1}{2}gS(H-z)^2 = \frac{1}{2}u_0^2(H) \tag{3.38}$$

两式相减,并由系统的反对称性可知 $u_0(0)=u_0(H)$,故得

$$\frac{1}{2}(V_u^2-V_D^2) = 4A_2HR\left(Z-\frac{1}{2}H\right) \tag{3.39}$$

内边界上部靠下沉支侧为风的停滞区,而上升支的顶部为最大 u 值处,故由(3.39)式可得

$$R_{\max} = V_u^2(H)/4A^2H^2 = \beta^4(H-z_*)^2/H^2 \tag{3.40}$$

代入 $R=\beta(\beta-1)$,$z_*=\beta H/(1+\beta)$,可解得 $R_{\max}=1$。

由以上分析可以看出,引导层型风暴的移速及流出层风的结构由参数 R 确定,若定义为 $CAPE=gSH^2/2$,表征对流有效位能,$\Delta U=2AH$ 为上下层风速差,则

$$R = gS/4A^2 = (gSH^2/2)/\left[\frac{1}{2}(2AH)^2\right] = CAPE/\frac{1}{2}(\Delta U)^2 \tag{3.41}$$

其中 R 为 Richardson 数的一种形式。

前面的分析表明，R 的值域为 $-\frac{1}{4}\leqslant R\leqslant 1$；$R<0$ 的区域对应着强迫对流，这是 $\beta<1$ 表明流出风速小于流入风速，这种情况在强风暴中是很少见的。$R>1$ 的区域对应着自由对流，这时热量来源于热力不稳定层结，流出风速大于流入风速。$R\leqslant 1$ 的限制表明引导层型风暴要求有较高的风速垂直切变。

4）传播型解

如图 3.22 所示，传播型风暴前部为整层相对入流，后部为整层相对出流。对这种流型 $\left(\frac{p'}{\rho}\right)_*$ 一般不为零。假定起源于 $z_0=0$ 处的上升气流在 $z_1=H$ 处流出，那么系统内部气流的运动必定是三维的。所以传播型不能作为二维问题来处理，因此不能用（3.31）式。

在（3.27）式中，令 $E=\left(\frac{p'}{\rho}\right)_*\Big/\left(\frac{1}{2}u_0^2\right)$，$F_2=u_0^2/(gSH^2)$，可得

$$\left(\frac{\mathrm{d}z_0}{\mathrm{d}z_1}\right)^2 = 1-E-\frac{2}{F^2 H^2}\left[\int_0^{z_1}z_1\,\mathrm{d}z_0 - \frac{z_0^2}{2}\right] \tag{3.42}$$

令 $\phi=z/H$，上式无量纲化为

$$\left(\frac{\mathrm{d}\phi_0}{\mathrm{d}\phi_1}\right)^2 = 1-E-\frac{2}{F^2}\left[\int_0^{\phi_1}\phi_1\,\mathrm{d}\phi_0 - \frac{\phi_0^2}{2}\right] \tag{3.43}$$

当入流存在切变时，方程（3.43）不能解析求解，为简便起见，假定 u_0 为常数。

对 ϕ 求导得

$$\frac{\mathrm{d}^2\varphi_0}{\mathrm{d}\varphi_1^2} = \frac{\varphi_1 - \varphi_2}{F^2} \tag{3.44}$$

相应的边界条件为

$$\frac{\mathrm{d}\varphi_0}{\mathrm{d}\varphi_1} = -\sqrt{1-E}，当\ \varphi_1 = 0$$

$$\varphi_0 = -\frac{1}{2}，当\ \varphi_1 = \frac{1}{2} \tag{3.45}$$

$$\varphi_0 = \frac{1}{2}，当\ \varphi_1 = -\frac{1}{2}$$

方程（3.44）在边界条件（3.45）下的解为

$$\varphi_0 = \varphi_1 - F(1+\sqrt{1-E})Sh(\varphi_1/F) \tag{3.46}$$

其中 F 满足

$$F(1+\sqrt{1-E})Sh(F/2) = 0 \tag{3.47}$$

系统相对于中层的移速为 $C=FH\sqrt{gS}$。

流出层速度分布为

$$u_1 = u_0\left(\frac{\mathrm{d}z_0}{\mathrm{d}z_1}\right) = FH\sqrt{gS}\left[1-(1+\sqrt{1-E})ch(\varphi_1/F)\right] \tag{3.48}$$

令 $G=(E\cdot F)^{-1}=gS^2 H^2/2\Delta p=CAPE/\Delta p$

其中 $\Delta p=\left(\frac{p'}{\rho}\right)_*$，$CAPE=\int_{-H/2}^{H/2}g\frac{\theta'}{\theta}\mathrm{d}z = gSH^2/2$ 可见，G 代表这对流有效位能与风暴中层

前后的非静力压力差之比,也等于对流有效位能与风暴中层前后的动能差之比。若知道 G,则由(3.47)式可以解出 E 和 F。由此可见,传播型解的结构及移速依赖于参数 G。对比 G 与 R 的定义可知,这里风暴前后的动能差代替了引导层中环境场上下的动能差。

对环境风 u_0 有常值垂直切变的情形,$\dfrac{\mathrm{d}u_0}{\mathrm{d}z} = 2A$,方程(3.27)可表示成

$$\left(\frac{\mathrm{d}\varphi_0}{\mathrm{d}\varphi_1}\right)^2 = 1 - \left(1 + \frac{\varphi_0}{F_1\sqrt{R}}\right)^{-2} \cdot \left\{E_1 + \frac{2}{F_1^2}\left[\int_0^{\varphi_1}\varphi_1\,d\varphi_0 - \frac{\varphi_0^2}{2}\right]\right\} \tag{3.49}$$

其中 $E_1 = \Delta p / \frac{1}{2}C^2$,$F_1^2 = C^2/gSH^2$,$R = gS/4A^2$,$C$ 为系统移速。

由风暴前方为整层入流的假设,则有 $2A \leqslant 2C/H$,即 $R \geqslant \dfrac{1}{4F^2}$,方程(3.49)的数值解表明,$F_{\max} = 0.3$,从而 $R > 2.8$ 表明,考虑切变可以增大移速,但是在 $2.8 \leqslant R \leqslant \infty$ 的整个区域,其增大值不超过无切变情形下移速的 20%,这说明传播型号对 R 值变化是不敏感的。

(3)飑线动力结构特征

通过研究俄克拉何马州的 40 个飑线个例,根据对流单体的合并方式,确立了飑线的四种发展方式,分别为断裂线型(broken line)、后向建立型(back building),断裂区域型(broken area)和嵌入区域型(embedded area)[11]。根据层状云与对流云的相对位置[12~14],把中尺度飑线分为了尾部层状云型(trailing stratiform,TS),前部层状云型(leading stratiform,LS)和平行层状云型(parallel stratiform,PS),如图 3.24。

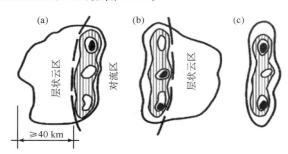

图 3.24　飑线类型结构示意图[12]

飑线是一个多尺度系统,前部为 γ 中尺度的直立对流云体,其后部拖着一个 β 中尺度的斜升气流构成的深厚层状云,在 0℃ 层附近有着表征这种云性质的回波亮线,前部区域对应着对流不稳定,而后部对应着对称不稳定。

指出飑线的生命史分为:形成、发展、成熟、消散四个阶段[13~16]。在形成阶段:形成一个小范围的中尺度高压,并开始持续发展。发展阶段:中高压水平尺度超过 150 km,此时,飑线中低压还未形成。成熟阶段:中高压之后形成中尺度低压,又称尾流低压,并逐渐发展增至最大强度。消散阶段:尾流低压填塞消失。

图 3.25 显示出了冷锋飑线成熟阶段地面气压场和风场的对称结构、雷暴高压、尾流低压、飑前低压的气压扰动机制。尾流低压位于地面气流辐合的冷区降水后部,雷暴中高压中心后部形成地面风流轴,气流由高压中心辐散加速流前沿的对流线,形成地面分流轴。

随后日本学者利用 STORM 中部计划得到的较稠密的资料研究进一步揭示了飑线结构特征,图 3.26 显示飑线模式结构由前沿对流线、过渡区以及后部大范围的层状降水区组

成[17]。中高压的中心位于前沿对流线后几十千米,该区域是积云下沉气流区。经过许多飑线分析发现飑前槽和前低压存在。这是由对流在飑线前激起的对流层中上层下沉增温造成。尾流低压中心位于层状云尾部边缘强雷达反射率梯度区,是由对流线后部下沉运动造成的。由降水蒸发部分驱动的中尺度下沉气流可引起绝热增温,当增温超过了低压的蒸发量而冷却,以此产生地面气压下降。

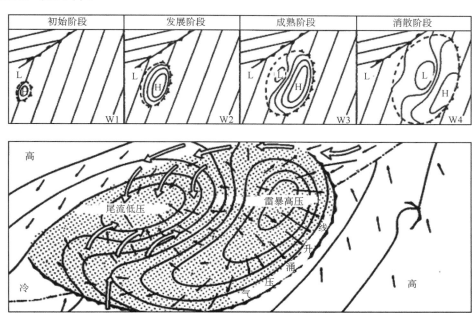

图 3.25　飑线中尺度系统生命史的等压线模式结构图[15]

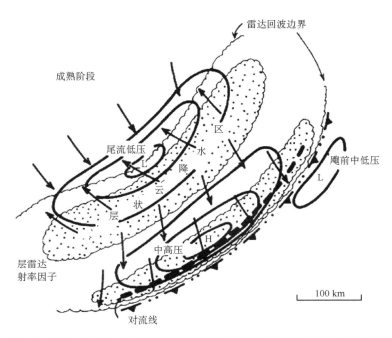

图 3.26　飑线成熟阶段的系统概略图粗实线是地面气压线,向量代表地面风,阴影区是强降雨区[16]

阴影区代表雷达发射率区;深色代表发射率增加区;地面气压等值线为 3 hPa 间隔;向量是地面风。

利用雷达反射率因子建立了对称和不对称的飑线结构特征模式[18],如图 3.27,当飑线结构对称时,层云降水区位于对流线后侧,而当结构不对称时,层云降水区位于飑线传播方向的左侧。研究进一步表明飑线由对称结构向非对称结构演变。根据飑线内部的中尺度环流形式,飑线分为两类:一类是在中纬度地区较为常见的飑线;另一类是在热带地区比较常见的飑线。

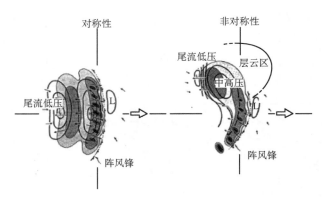

图 3.27　飑线系统的对称与不对称结构[8]

习题

[1] 简述上升运动形成的主要因子。
[2] 简述层状云形成的动力条件。
[3] 简述冷锋云系的天气特征。
[4] 简述垂直风切变对雷暴分类及发展维持的作用。
[5] 简述飑线的发生发展条件。
[6] 根据飑线的理论模型求引导层解和传播解。
[7] 简述飑线的动力结构特征。
[8] 飑线过境时的气象要素变化特征是什么?

参考文献

[1] 朱乾根.天气学原理和方法.北京:气象出版社.2000.
[2] 陈渭民.卫星气象学.北京:气象出版社.2009.
[3] 毕玮,傅刚,杨育强,郭敬天,石睿.对一个西北太平洋上冷锋结构和锋生过程的分析.中国海洋大学学报（自然科学版）,2005.(4):527-533.
[4] 郑婧,孙素琴,许爱华,吴静.强锋区结构的梅雨锋短时暴雨形成和维持机制.高原气象,2015.(4):1084-1094.
[5] 张小玲,陶诗言,张顺利.梅雨锋上的三类暴雨.大气科学,2004.(2):187-205.
[6] 李鲲,徐幼平,宇如聪,程锐.梅雨锋上三类暴雨特征的数值模拟比较研究.大气科学,2005.(2):236-248.
[7] 查书瑶,伊兰,赵平.冬季华南准静止锋的结构和类型特征研究.大气科学,2015.39(3):513-525.

［8］戴建华,陶岚,丁杨,等.一次罕见飑前强降雹超级单体风暴特征分析.气象学报,2012.(4):609-627.

［9］寿绍文,励申申,寿亦萱等.中尺度大气动力学.北京:高等教育出版社,141pp.2009.

［10］丁一汇,李鸿洲,章名立,等.我国飑线发生条件的研究.大气科学,1982.(1):18-27.

［11］Liu J Y. Tan Z M. Mesoscale predictability of a Meiyu heavy rainfall. *Adv. Atmos. Sci.* 2009,**26**:438-450.

［12］Bluestein H B, Jain M H. Formation of mesoscale lines of precipitation: severe squall lines in Oklahoma during the spring. *J. Atmos. Sci.* ,**42**:1711-1732. 1985.

［13］Parker M D, Johnson R H. 2000. Organizational modes of midlatitude mesoscale convective systems. *Mon. Wea. Rev.* ,**128**:3413-3436. 2000.

［14］Parker M D, Johnson R H. Simulated convective lines with leading precipitation. Part I: Governing dynamics. *J. Atmos. Sci.* ,**61**:1637-1655. 2004a.

［15］Parker M D, Johnson R H. Simulated convective lines with leading precipitation. Part II: Evolution and maintenance. *J. Atmos. Sci.* ,**61**:1656-1673. 2004b.

［16］Fujita T T. Results of detailed synoptic studies of squall lines. *Tellus*,**7**:405-436. 1955.

［17］Fujita T T. Analytical mesometerorology. A review. *Meteor. Monogr.* ,**5**:77-125. 1963.

［18］Johnson R H, Hamilton P J. The relationship of surface pressure features to the precipitation and airflow structure of an intense midlatitude squall line. *Mon. Wea. Rev.* ,**116**:1444-1473. 1988.

第4章　降水的主要过程

全球大气的降水大部分以液态水的形式降落到地面,其中较多的液态降水产生在云顶温度高于0℃的云中,并主要以云滴间碰并产生降水,这类降水称为暖云降水。当云体伸展到0℃层以上,而云内温度并不太低的情况下,存在液态的过冷水,一旦云中有一定数量的冰晶,冰晶就会吸收水汽、消耗过冷水滴而迅速增长变大,变大下落又会俘获更多的小水滴继续增长,直至下落形成降水,这类降水称为冷云降水。冰雹是固体降水的一种,降自发展旺盛的积雨云,冰雹是灾害性天气的一种,常伴随雷暴出现。

4.1　暖云降水机制

世界上的大部分降水是以雨的形式降落到地面上的,其中许多雨产生在云顶温度高于0℃的云内,这类"暖"云中产生降水的机制是云滴间的碰并。碰并作用在热带的降水形成过程中占有非常重要的地位,而在云顶低于冻结温度的中纬度积云中碰并作用也有一定的意义。在对流性降水中,其中零度层以下的也属于暖云降水。

4.1.1　碰并增长

云滴的半径一般很小,如单凭凝结作用,则当半径增大到超过临界值后,由于争食水汽,造成的云滴谱也仅是半径为 1 μm 到 10 μm 间的较均匀的狭谱。要想使云滴形成一个半径 1 mm 的雨滴,单凭凝结增长十分困难。因为一个半径为 1 mm 的雨滴,其质量或体积相当于 100 万个半径为 10 μm 的云滴。而凝结增长时,其半径的增长速度是随半径的增长而很快变慢的,在整个云的生命期中,是不足以靠凝结增长而达到雨滴的半径的。云滴转化为雨滴,主要是靠云滴间的碰并过程[1],这种作用是随半径的增大而加速的。

(1)微滴的下落末速度

微滴的下降速度受三种力的作用决定,即地球重力、空气浮力和空气阻力。

重力:假设水滴的半径为 r,则地球重力为 $\frac{4}{3}\pi r^3 \rho_w g$。

其中 g 可看作常数,ρ_w 为水滴密度。假定水滴在下降过程中,无蒸发、凝结、碰并现象,从而 r 也可看作常数,因此可认为水滴受到的地球重力无变化。

浮力:空气浮力等于水滴排开的等体积空气的重量,按阿基米德原理,空气对水滴的浮力应为 $\frac{4}{3}\pi r^3 \rho g$,由于空气密度愈向下愈大,所以浮力也就相应愈向下愈大。ρ 为空气密度。

净重力:作用于空气中水滴上的净重力为水滴重力与空气浮力的合力(取向下为正方向)为

$$F_G = \frac{4}{3}\pi r^3 \, g(\rho_w - \rho) \tag{4.1}$$

对于通过空气下降的球形水滴来说,水滴密度远大于空气密度,故上式可近似得

$$F_G = \frac{4}{3}\pi r^3 \, g\rho_w \tag{4.2}$$

空气阻力:由动量守恒原理,在黏性流体中,作用于半径为 r 的球体上的阻力为

$$F_R = \frac{\pi}{2} r^2 u^2 \rho C_D \tag{4.3}$$

其中 u 是水滴相对于空气的速度,ρ 是流体的密度,C_D 是表示液体特征的阻曳系数,$C_D/2$ 即为空气动量传递给水滴表现为阻力的比例。利用以流体的动力黏性系数 μ 表示的雷诺数 $N_{Re} = 2\rho u r/\mu$,则(4.3)式可以写成

$$F_R = 6\pi\mu r u \left(\frac{C_D N_{Re}}{24}\right) \tag{4.4}$$

Stokes 下降末速度:降水粒子在受重力的作用下降时,由于空气阻力与之平衡,使粒子按匀速下降,此时的下降速度称为"下降末速"。即末速出现在 $F_G = F_R$ 的情况下,必有

$$u = \frac{2}{9} \frac{r^2 \, g\rho_w}{\mu\left(\dfrac{C_D N_{Re}}{24}\right)} \tag{4.5}$$

现在的问题就转移到求阻曳力系数 C_D 的表达式。

当雷诺数非常小时(粒子半径小),对于绕球体流场求斯托克斯解可得

$$C_D = \frac{24}{N_{Re}} \tag{4.6}$$

在这种情况下,(4.5)式可简化为

$$u = \frac{2}{9} \frac{r^2 \, g\rho_w}{\mu} = K_1 r^2 \tag{4.7}$$

其中 $K_1 \approx 1.19 \times 10^6 \ \text{cm}^{-1} \cdot \text{s}^{-1}$。这种下降末速度决定于尺度的平方,此关系式称为斯托克斯定律,它适用于大约半径为 $0.5 \sim 50 \ \mu\text{m}$ 以内的云滴。

其他尺度粒子的下降末速:球形粒子的实验表明,对于相当大的雷诺数(大粒子)来说,C_D 就与 N_{Re} 无关,而且它的值为 0.45。(将此值代入(4.5)式)即可以得到

$$u = K_2 r^{1/2} \tag{4.8}$$

其中

$$K_2 = 2.2 \times 10^3 \left(\frac{\rho_0}{\rho}\right)^{1/2} \tag{4.9}$$

式中 ρ 是空气密度,ρ_0 是 1013 hPa 和 20℃时干空气的标准密度,其值为 $1.2 \times 10^{-3} \ \text{g/cm}^3$。

雨滴的雷诺数很大,但它并不是理想的球体。因此,尽管在描述大雨滴下落末速度时常常采用(4.8)式,但这个式子也只适用于一定的尺度范围($500 \ \mu\text{m} < r < 5000 \ \mu\text{m}$,相应末速为 $4 \sim 9 \ \text{m/s}$,速度再大雨滴会破碎)。对于中间尺度范围的水滴,即处于斯托克斯定律和平方根定律适用范围之间的水滴来说,下落末速度的近似公式为

$$u = K_3 r; \quad 50 \ \mu\text{m} < r < 500 \ \mu\text{m} \tag{4.10}$$

其中 $K_3 = 8 \times 10^3 \; s^{-1}$。

（2）碰撞效率

微滴之间的碰撞可以通过重力、静电力、湍流场或空气动力学力的作用而引起。对各种云来说重力效应是主要的，较大微滴比小微滴的下落速度快，所以较大微滴可能追上并捕获一部分位于它下落路径上的较小微滴。微滴碰撞所需的静电场和湍流场比通常云中的要强，所以雷暴的强电场只能引起明显的局地效应。

水滴碰撞后并不一定并合。所以研究碰并问题，应当分为两个问题来考虑，一是"碰撞"，二是"并合"。当水滴下落时，它仅仅与其下落路径上的一部分微滴碰撞，因为有一些微滴将随气流绕过水滴。实际碰撞的小水滴数和大水滴所扫过的几何截面内全部小水滴数（可能碰撞小水滴数）之比称为碰撞效率（系数）E。一般说来，当收集滴（大水滴）小于 20 μm 时，碰撞效率很小。

并合的个数与碰撞的个数之比称为并合效率（系数）E_{coa}。"碰撞—并合"这种水滴增长过程决定于碰并效率（系数 E_c），即等于碰撞系数和并合系数的乘积即

$$E_c = E \cdot E_{coa} \tag{4.11}$$

微滴碰撞的实验研究表明，如果微滴带电或有电场存在，则并合系数（前面的是电场对碰撞效率的影响弱）近似等于 1。由于自然云内常存在着弱的电场和电荷，因此在微滴碰并增长的理论研究中通常采用碰并系数等于碰撞系数的假设。这样，解释暖云降水的形成问题，就可简单地归结为确定微滴群中的碰撞效率的问题了。

图 4.1 中半径为 R 的大水滴正追赶半径为 r 的微滴。如果微滴没有惯性，它将随气流绕过大水滴，它们之间并不发生碰撞。是否真的产生碰撞取决于惯性力和空气动力学力中哪一种力作用更大些以及称为碰撞参量的两水滴中心之间距离 x。

对于给定的 r 和 R 值，碰撞参量有一临界值 x_0，在此范围内碰撞一定产生，而在此范围以外微滴将偏离于大水滴的下落路径。梅森[2]根据计算，精确地确定了较宽尺度范围内的球形水滴的 x_0 值，并以便于使用的碰撞效率的形式来表示，定义为

$$E(R, r) = \frac{x_0^2}{(R + r)^2} \tag{4.12}$$

其意义与前面的定义一致。另一方面，E 也可以解释为大滴在扫掠的体积中与一个处于随机位置的微滴产生碰撞的概率。显然 $E < 1$（在某些特殊情况下，将尾涡俘获作用及其他一些液体惯性作用考虑在内，E 可能大于 1。）

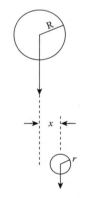

图 4.1　碰撞的水滴几何关系示意图

图 4.2 列出三组理论计算得到的小收集滴的碰撞效率与粒子半径比 r/R 的关系。从整体上看，（a）E 与 r/R 正相关，原因是小粒子惯性小，易绕过大滴不能被碰撞。（b）当 r/R 小于 0.6 时，惯性随 r/R 的增大同步增大。（c）当 $r/R > 0.6$ 后，一个作用是粒子的尺度接近，导致粒子间相对速度减小，这样不利于互相碰撞，可能导致 E 下降；另一方面，当两个粒子速度几乎相同的时候，由于尾涡俘获作用可能使得 E 大于 1。

图 4.2 中归纳了较小的收集滴以及已有资料的较大的收集滴的碰撞系数。该图表明，E 一般是 R 和 r 的增函数，但当 R 大于 80 μm 时，E 主要取决于 r。

（3）碰并增长

自然界雨滴碰并增大有随机碰并性质,有些小水滴常增长得快,例如有的水滴下降在云滴数密度较大区,有的正好迎着上升气流下降,有的水滴位于其他水滴的下方,从而有比其上的水滴优先与较多小云滴相碰的条件等。这些随机性在发展降水的过程中具有特别重要的意义[3]。

比较水滴连续模式及随机模式的碰并增长所形成的滴谱,在每微米间隔,每立方米有 100 个水滴的水平上,随机碰并增大速度远大于连续碰并增大速度。从最大水滴来看,以随机碰并方式形成的最大水滴较大。实际上云滴是离散分布的,因此碰并过程也应该是一种随机过程[4]。一般说来,随机碰并的随机性愈大,则生成一定程度较大水滴所需时间就愈短,由此得到的结果才与实际观测到的暖云降水过程一致。

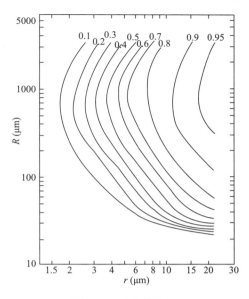

图 4.2　碰撞效率

表 4.1　水滴碰并形式

水滴碰并形式	表现
连续碰并	各大水滴所碰并的小水滴数机会均等。
不连续随机碰并	每次碰并,总有一定比例的大水滴具有较大的碰并小水滴的效率。
纯随机碰并	其限制条件很少,不仅大水滴优先增大的比例每次不同,而且环境空气中含水量或云滴数密度、上升气流速度等均有随机起伏。

如图 4.3,碰撞增长上升的最初 15 min 内没有碰并增长,微滴浓度保持不变,此时的凝结作用是为其后的碰并增长奠定基础的。一旦碰并过程开始,它就进行得很快,水滴数急剧减少,同时过饱和度明显增加。这是因为水滴数减少了,水滴的总凝结表面必然减少,于是上升空气因绝热膨胀而冷却所造成的多余的水汽就没有充分的凝结表面给它凝结,致使过饱和度的急增。增加过饱和度能激活新的凝结核,从而引起水滴数的增加,造成一个小的峰值。但这仅仅是短暂的效应,因为碰并增长又迅速地吞并了新形成的微滴。

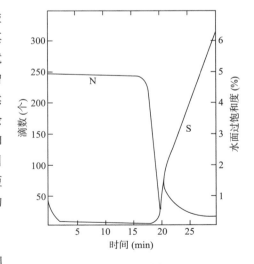

图 4.3　碰撞增长

（4）小结

观测表明,在暖性积状云中,从云开始形成起到发展成雨,所需的时间可短到大约 15 分钟。只有微滴之间的重力碰并作用才能引起上述这种发展过程,为此促使微滴群体在短时间内形成雨,云体必须具有相当宽的滴谱,这样才能具有较高的碰撞效率。对碰并增长来说,事实上微滴之间碰撞效率非常小,这是一个严重的障碍。在到达融化层底以前,因为随着粒子增大破碎效率增大,碰并破碎和自身破碎过程导致大粒子数的急剧减少[5]。而且在微滴的初始增长阶段起主要作用的"凝结—扩散"过程促使滴谱变窄,从表面上看来这将使得碰并问题复杂化。因此降水理论的任务在于,必须面对碰并效率小和近似抛物线型的扩散增长律这一事实,解释在合理的时间内微滴如何发展成雨滴。

4.1.2　雨滴谱

降水不管最初是如何形成的,在地球上大多数地区当它到达地面时多表现为雨。最常用的测定降水的宏观特征量就是地面上的降雨率(降水强度:单位时间单位面积上的雨量,mm/h)。而最常用的表示降水的微观特征量便是雨滴大小的分布函数(即滴谱,以空间每单位体积内每单位大小间隔(习惯上取直径 d)的雨滴数来表示)来完整地说明降水的特征。

有关这类分布已经在世界上大多数气候区,采用各种方法进行了测定。尽管雨滴大小的分布随时间和空间而变,但可以看出随着雨滴尺度的增大,相应的雨滴数密度就迅速减小。这种趋势对直径超过 1 mm 的雨滴表现更为明显。通常雨滴数密度也随雨强而产生系统的变化,降水率增大时,大滴数随之也增加。

观测结果表明,雨滴大小的分布非常接近于一个负指数函数(对比气溶胶粒子的负幂函数分布)的形式,特别是在非常稳定的降雨中,这一特征表现得更为明显。因此除十分小的雨滴外,雨滴大小的分布可以用如下的近似式来表示

$$n(d) = \frac{\delta N}{\delta d} = N_0 e^{-\lambda d} \tag{4.13}$$

该分布曲线在半对数坐标上,表现为直线。

根据(4.13)式,同样可以求出总数密度、平均直径、含水量、雷达反射率因子、能见度、降水强度等参量与滴谱参数 λ(斜率因子)和 N_0(截距参数)的关系式。其中降水强度 I(常用单位 mm/h)可表示为

$$I = \frac{\pi}{6} \rho_w \int_0^\infty d^3 n(d) u(d) \delta d \tag{4.14}$$

这里,d 为雨滴直径,$n(d)$ 为尺度分布函数、直径为 d 的降水质粒的数量,$u(d)$ 是直径为 d 的降水质粒的下落速度。

马歇尔和帕尔默发现斜率因子 λ 只决定于降水强度,并给出如下的关系

$$\lambda(I) = 41 I^{-0.21} \tag{4.15}$$

值得注意的是,他们还发现截距参数 N_0 是一个常数,其值为

$$N_0 = 0.08 \tag{4.16}$$

虽然并不是所有的雨滴分布都具有简单的指数函数形式。但是从许多不同地区的观测结果来看,指数分布形式仍然可以作为各个雨滴样本平均情况的极限形式。此外,对中纬度大陆的稳定性降水来说,采用马歇尔—帕尔默的 λ 和 N_0 的值一般可以得到接近实况的结果。

4.1.3　雨滴的繁生

降水的研究,不仅要解决前面讨论的水滴在云中尺度增大的问题,还要解决水滴数密度增

加的问题,特别是观测发现随着高度的降低,降水质粒的数密度增大。这就需要研究空中水滴的繁生机制。雨滴繁生主要途径,一是雨滴在空中因互相碰撞而破碎,二是雨滴在空中变形而破裂。

(1)互撞破裂繁生

如果在 Δt 时间内能被大水滴碰并的小水滴数为 n_1,则单个小水滴被大水滴碰并所需的时间,称为自由碰并时间 $\tau = \Delta t/n_1$。由上节中理想的碰并模型:

$$\tau = \frac{1}{E(R,r)\pi(R+r)^2 n(r)[U(R)-u(r)]} \tag{4.17}$$

$E(R,r)$ 为碰并效率,$n(r)$ 为云滴的谱分布函数、半径为 r 的降水质粒的数量,$U(R)$、$u(r)$ 分别为半径为 R、r 的降水质粒的下落速度。

碰并自由程 L:在此距离内大水滴不与任何小水滴相碰。

$$L = U(R)\tau \tag{4.18}$$

则:

$$L = \frac{U(R)}{E(R,r)\pi(R+r)^2 n(r)[U(R)-u(r)]} \tag{4.19}$$

当一个半径为 1.5 mm 的大水滴与半径大于 0.5 mm 的小水滴相碰,1)当降水强度为中等(5 mm/h)时,则碰撞自由程 $L = 750$ m;2)当降水强度达暴雨程度(60 mm/h)时,则 $L = 180$ m;3)当降水属特大暴雨程度时(500 mm/h),则 $L = 65$ m。因为半径为 1.5 mm 的大水滴,其下降末速达 8 m/s,它从 1 km 左右的云底高度掉到地面约需要 120 多秒(2 min),这已大大超过自由碰并时间(由公式(4.17)计算:93.75、22.5、8.125 s)。从碰撞自由程看,就是以上的 L 均小于 1 km 的云底高度。所以这样大小的两个粒子必然是要发生碰并或碰撞破裂的。

碰撞破碎:当两个水滴互相碰撞时,可发生三种情况,一是"并合",二是"破碎",三是"弹开"。破碎是水滴在暂时并合后产生的,那就是说,有的并合是稳定的,有的并合是不稳固的。不稳固的并合,接着就会出现水滴破裂。

对于实际碰撞时属于那种情况,主要由相对速度和碰撞角决定。其中相对速度又主要决定于水滴尺度的差异,尺度相差大,则末速差大,则滴间相对速度大。总的看来破碎是在相对速度大时产生的,过大或过小的碰撞角都不能造成水滴破碎。而且破碎的临界相对速度对不同的碰撞角是不同的。相对速度愈大,则产生破碎的碰撞角范围也愈大。所以自然情况下云滴之间不易碰撞破碎,而雨滴由于尺度大,易于碰撞破碎。

对于暖云降水,雨滴直径一般截至 2~3 mm 以下的原因,主要是碰撞破裂所致。在冷云降水中,因为其中包含有冰雪晶,则可出现直径大于 3 mm 的雨滴。这是因为若此时大气中融化高度较接近地面,它在融化后,互碰破裂的自由程已大于它到达地面的距离,就不会因碰撞而破碎了。

(2)变形破裂繁生

雨滴产生破碎的另一原因,是由于空气动力学作用引起的水滴内部环流造成。水滴破碎时产生若干个较小的水滴。

表 4.2　水滴形状理论

观测半径	N_{Re}	形状
小于 140 μm	小于 20	保持球形
140~500 μm	20 到 260	扁球形
>500 μm	大于 260	平底的扁椭球形
>6 mm	处于流体力学不稳定状态	破裂

水滴形状的理论表示

$$(P_i - P_e) = \alpha\left(\frac{1}{R_1} + \frac{1}{R_2}\right) \tag{4.20}$$

其中 P_i 和 P_e 分别为水滴某点受到内外压强,α 为表面张力系数(单位面积上的表面能),R_1 和 R_2 为该点相互垂直的两个主曲率半径。该式的意义是,当水滴在空中时,对于凸粒子来说,它的内压强永远大于包围它的空气的外压强。这种压强差是依靠水滴的表面张力所造成的压强来抵偿的。即水滴的形状决定于水滴表面内外压强差和表面张力的平衡。

因此理论上,只要知道某一点的表面张力及内外净压强差,就可用此式算出该点的主曲率 R_1 和 R_2 来。将水滴表面各点的 R_1 和 R_2 都算出来,就可以判定水滴的形状。

显然,若水滴为球形,则 $R_1 = R_2 = R$,有 $(P_i - P_e) = \dfrac{2\alpha}{R}$,这就是球形水滴的附加压强与表面张力系数及曲率半径的关系。

(3)水滴形状的改变

1)如图 4.4,当云滴变大而成为雨滴下降时,在通过空气的过程中,由于空气动力效应,就使它自己周围的气层中外压强发生改变。于是雨滴底面因迎着空气,外压强变大,在雨滴的四侧因气流运动较快外压强最小,在雨滴的顶面,由于气流的涡动,外压强也有适当的减少。但当时雨滴各部分的内压强未变,所以雨滴的表面各部分就用调节曲率的方法来改变压强,以使雨滴表面各处仍处于力的平衡状态。这就是说,雨滴的底部表面曲率变小,变得很平坦;水滴的四侧表面曲率变大,变得很弯曲,雨滴的顶部表面变得介于四周表面曲率与底部表面曲率之间的大小。这像倒悬的莲蓬了,随着水滴的变大,就愈来愈扁。但这还不是最后的情况。

2)当雨滴呈莲蓬的形状下降不久,由于空气阻力的缘故,就不再加速下降,而却变为等速下降了,这时的速度,即为下降末速度。在雨滴加速自由下降时,雨滴内部流体静力作用极小,可是当雨滴处于下降末速时,雨滴内部流体静压强作用就变得明显。那就是说,如果将雨滴内部水平地分成许多层次,则下层必定受到上层压强的作用。因此雨滴内压强的分布就有了改变,雨滴下部的内压强必大于上部的内压强。内压强分布一旦改变,雨滴的表面张力以及表面曲率必然会相应地发生改变(此时假定外压强未变),以便使雨滴各部分的表面仍处于力的平衡状态。于是雨滴下部表面的曲率就会变小些,雨滴顶部表面的曲率就会变大些。

3)但这里尚未考虑水滴内部的环流。当下降中的水滴半径达 500 μm 以上时,水滴内部就会发生环流,它必然会影响水滴内压强。这一过程对于水滴顶及底的内压强的影响最大。

由此可见在表面张力一定时,水滴在空中的形状主要受内外压强差决定,而这又与流体动力学效应、流体静力学效应和水滴内部环流等有关。

在水滴下降时,半径愈大,底部愈有明显的凹陷,它是水滴破碎的先兆。

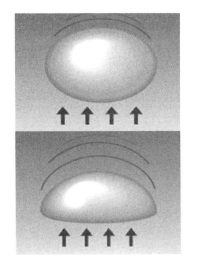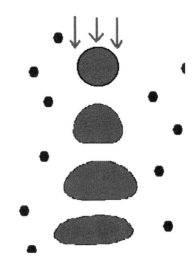

图 4.4　水滴形状的改变

（4）水滴的破碎

口袋式胀破机制：水滴在相当半径如大到 4.5 mm 时，就会破裂。破裂主要与下降水滴的底部发生凹入现象有关。当水滴大到临界尺度时，这个凹入区由于入流空气的作用而会爆发性地加深，很快发展为一个扩大的口朝下的袋形。此袋的袋口边缘就成为一个粗环，环中包含大部分的水体。但袋壁则受到入流空气的继续进入而不断变薄。不久入流空气将袋壁穿破，在表面张力作用下形成甚多的小水滴；而袋口环则在表面张力作用下变成数目较少的较大水滴。这就是雨滴的"口袋式胀破"机制。在此过程中，乱流对水滴的破裂也有作用。但一般也要在乱流尺度已接近静止大气中水滴尺度时才起作用。

4.2　冷云降水机制

当云体伸展到 0℃ 层以上，而云内温度并不太低的情况下，液态的云滴并不冻结，仍以液态的过冷水存在。一旦云中有一定数量的冰晶，根据"水—冰转化理论"，冰晶就会吸收水汽、消耗过冷水滴而迅速增长变大；在变大下落的过程中，又会俘获更多的小水滴继续增长，直至下落形成降水。冷云降水由冰晶触发，冰晶的多少决定了冷云降水的效率[6,7]。

4.2.1　固态降水粒子特征

习惯上将线性尺度 300 μm 作为冰晶和雪晶的分界线，线性尺度小于 300 μm 称为冰晶，大于 300 μm 称为雪晶。雪晶是由冰晶通过凝华及撞冻、凝结、碰并等机制增长，尺度大于 300 μm 后的水成物。雪晶，或雪晶与冰晶的聚集体常称为雪花。

（1）雪花的谱分布

以雪的形式到达地面的降水，大多是雪花，是一个个的冰晶。气温如近乎 0℃，则出现雪花机会增多，最大尺寸的雪花也多在温度近乎 0℃ 时出现。当气温下降，则雪花出现机会就减少。但当气温降到 -15℃ 左右时,雪花出现的机会就达"次极大"。最大雪花的等效水滴直径可达 15 mm,但大多数雪花直径在 2~3 mm 之间。

由于雪花是冰晶或较小雪花的不规则形状的碰连体,要测定其线性尺度很不容易,所以雪花大小的资料通常用质粒的质量或雪花融化后的水滴直径来表示。

雪花碰连体的大小分布,类似 M-P 分布的负指数函数拟合:

$$n(d) = N_0 e^{-\lambda d} \tag{4.21}$$

之所以用负指数函数拟合,形式简单,在降水发展的理论研究中,常常需要计算雨滴大小分布的各阶矩。例如,通过一水平面积的降水通量、单位体积的降水质量以及降水的雷达反射率等都直接与 $n(d)$ 的某些矩有关。这样一来,在理论工作中采用指数逼近就特别方便,因为上述负指数函数 k 阶矩的分析形式可以表示成

$$\int_0^\infty d^k n(d) \delta d = N_0 \frac{\Gamma(k+1)}{\lambda^{k+1}} \tag{4.22}$$

其中,截距参数是 N_0,斜率因子是 λ。

这里要求具有一无限积分上限的分析结果,通常与具有有限直径上限的实际分布十分接近。$n(d)$ 的指数函数形式随着 d 的增大而迅速减小,虽然积分上限是无限的,但少数很大的水滴对积分的贡献是非常小的。

对降雪来说,函数中的截距和斜率均与降水强度有关,而雨滴的分布中仅斜率与降水强度有关。负指数函数形式对各种观测资料均能很好拟合,如参量符合下面的值,则理论工作所涉及的 $n(d)$ 的各阶矩的结果与实际比较一致:

$$\lambda(\text{cm}^{-1}) = 22.9 I^{-0.45} \tag{4.23}$$

$$N_0(\text{cm}^{-4}) = 2.5 \times 10^{-2} I^{-0.94} \tag{4.24}$$

在上述两个方程中,降水率 $I(\text{mm/h})$ 中的毫米数是用与积雪厚度相当的水深来表示的。

(2)冰晶下落末速度

冰晶的下落末速度 U_i 主要由实验测定,并对不同形状拟合成几个经验公式(表 4.3):

表 4.3 冰晶的下落末速度

类　　　形	下落末速(cm/s)(l 和 d 分别为冰晶的长度和直径,单位为 cm,$p=1000$ hPa,$T=273$ K)
板状	
六角平板和扇形	$u = 296\, d^{0.824}$
宽阔分枝	$u = 139\, d^{0.748}$
辐枝	$u = 42.2\, d^{0.442}$
柱状	$u = 7.31 \times 10^3 l^{1.415}, l/d \leqslant 2$
	$u = 2.43 \times 10^3 l^{1.309}, l/d > 2$

冰晶下落末速不仅与形状有关,而且与冰晶的密度、表面状态(是否有凇附)等有关。

(3)霰和雹的下落末速度

与直径也有类似的实验关系

$$u(\text{cm/s}) = 900\, d^{0.8}, 0.1 < d(\text{cm}) < 8, (p = 1000 \text{ hPa}, T = 273 \text{ K}) \tag{4.25}$$

如果用前面导出 Stokes 公式同样的方法,也可有霰的类似下落末速公式:

$$u = \left(\frac{2g^*}{\rho C_D}\right)^{1/2} \left(\frac{m}{A}\right)^{1/2} \tag{4.26}$$

其中 $g^* = g(1 - \rho/\rho_g)$，ρ_g 为霰的整体质量密度，m 为霰的质量，A 为垂直于气流方向的霰的截面积。研究认为，当雷诺数在 10^3 与 10^5 之间(相当于半径为数毫米到数厘米的球形霰)时，阻力系数 C_D 为一几乎不随雷诺数而变的常数，因此上式右边第一个括号可近似为常数。则霰的下降末速，主要受 $(m/A)^{1/2}$ 这一因子的影响。当碰冻的淞附物十分疏松时，虽然 m 及 A 均有增大，但 (m/A) 值可有所减少，从而霰的下降末速 u 也会减小。

4.2.2　固态降水粒子的增长

(1)冰晶同云滴碰并

一个下落的冰晶，通过由过冷却水滴和冰晶组成的云中，不仅仅会发生"蒸凝过程"而增长，而且将因水滴碰冻或冰晶碰连而增长。冰晶同云滴或冰晶之间的碰并过程在云内是经常发生的，对云的微结构和降水的形成都有重要的意义。凝结和撞冻增长是冰粒子增长的主要过程，也是降水产生的重要过程[8]。

冰晶与过冷水滴相碰并且冻结在冰晶上的过程称为淞附或碰冻，碰冻增长会形成淞状结构的霰。

冰晶碰并增长方程可统一写成

$$\frac{\mathrm{d}M_i}{\mathrm{d}t} = AE_i \Delta U W_{w(i)} \tag{4.27}$$

式中 M_i 为冰晶的质量，A 是冰晶迎风面的面积，ΔU 为相碰冰晶之间或冰晶与水滴之间的相对速度，此时冰晶的下落速度是这种增长过程中的重要因子。W 为被碰水滴或冰晶的含水量，E 为碰并系数。下标 i 代表冰，w 代表水。

冰晶与水滴相碰问题有一些理论研究，用扁椭球和长椭球分别去近似板状和柱(针)状冰晶。

能为冰晶碰撞的小水滴存在一定的尺度范围，即在大水滴端和小水滴端均有碰撞效率为零的现象，过大和过小的水滴都不能为冰晶所碰撞。原因：小水滴过小，将因气流绕片状晶而流，使碰撞效率变小。小水滴过大，则因片状晶密度较小，水滴向冰晶靠近时，片状晶会飘浮，并向水滴绕流，从而也会使碰撞效率减少。例如，半径为 $147 \sim 404\ \mu m$ 的板状冰晶不能碰撞半径小于 $10\ \mu m$ 的小水滴。而长为 $67.1 \sim 2240\ \mu m$，直径为 $23.5 \sim 146.4\ \mu m$ 的冰柱或冰针不能碰撞半径小于 $25\ \mu m$ 的水滴。

淞附程度大体可分三个等级，即稀淞附、密淞附及霰。"稀淞附"指冻附的冰质粒稀疏地附于雪晶上。"密淞附"指冻附的冰质粒已掩蔽雪晶表面，但未改变雪晶原来的形状。前两者的形成物称为"淞晶"。霰是指大量冻附的冰质粒包围积集于雪晶四周，掩蔽了雪晶的本来形状。当霰粒进一步进行淞附作用，就可以发展为雹块。

(2)冰晶同冰晶碰并

冰晶之间相碰后黏连在一起的过程称为碰连，碰连增长形成雪花。

因冰晶本身的形状复杂而使理论求解变得十分困难。为数不多的实验结果表明，小冰晶与大冰球之间的碰并系数随着温度降低而减小。这可能反映并合系数与温度之间的关系。碰并系数从 $-5 \sim 0$℃时的 $0.1 \sim 0.6$ 下降至 -20℃时的 $0.03 \sim 0.08$。$-5 \sim 0$℃ 及 $-17 \sim -12$℃ 是雪花的两个多发区。通常认为在 0℃ 附近，冰表面存在准液膜，它与冰晶的表面能有关。这种准液膜存在于冰与空气的界面上,但当它被夹于两层冰之间(例如两冰晶相撞)时,就会固体化,使冰晶黏合在一起(准液膜理论)。

在两互相接触的冰面间形成'冰桥'后,接着还会出现下列四种过程:

1)在表面张力作用下水物质形成有黏滞性的可塑流质,水有自桥面拉向球面之势。

2)在冰系统的凸出部分的表面,有水物质蒸发,这些蒸发的水物质通过环境空气而凝结到连结两个冰面的冰桥呈明显凹形的表面上。

3)冰桥区的凹表面,由于表面张力较小,使冰的晶格局部空缺就多,从而造成水物质作体积性扩散。

4)由于冰桥区与原始冰系统间附着的水分子数密度不等,造成水分子沿冰表面的扩散。

这些后续过程都是由表面张力所引起的。实验结果认为,冰球间互相黏结,主要是上述第2)种过程,即蒸凝过程所致。水分子的体积性扩散在促使冰桥增长中贡献最大。而且上述2)、3)两个过程可以同时进行。它们都起到使水分子由冰球转移到冰桥的作用,所以是使冰桥增长的决定性因子。

从根本上看,有些因水汽扩散而形成且增大的少数冰晶,因为其扩散增长较盛或与其他冰晶和过冷却水滴的碰撞机会偶尔多些,使它变得比相邻的冰晶为大,这样就必然会发展出雪花。一旦冰晶或小的碰连体获得了这种初始的优越条件后,它们就会因为扫掠过程而处于增长的优势地位。因而一个冰相降水发展的完善理论,必须像在研究雨的并合理论中那样,要考虑统计效应。但由于问题的复杂性,冰晶碰并中的诸多问题远没有研究清楚。

(3)冰粒的形成

1)水滴在上升中因空气绝热冷却时冻结而成。例如,大云滴或雨滴在掉到上升气流中,被带升到十分寒冷的高空,发生了冻结,然后又在弱上升气流区下降。通常以这种形成机制较多,这时形成的冰粒,往往在积雨云中可成为冰雹块的核心。

2)非过冷却雨滴下降时,通过冷空气层而冻结后再降到地面。例如,在暖锋或冷锋降水中,因为在锋面降水时,往往锋面上的云的温度较高,而锋面下方冷空气中的温度很低。

3)空中原来下降的是固体降水,它经过暖空气层时已融化为水滴,然后再掉入冷空气中冻结而成。

冰粒既然是水滴在空中冷却冻结而成,它必然是自外向内逐步冻结的。其所以如此,是因为其表面首先受外界环境气温的影响,温度下降到其表面所含冰核的活跃温度之下,表面就先冻结。此后冷却渐深入到水滴内部,而冰晶与水的界面也渐渐向内部挺进。在冻结时,其所含空气也渐渐被逐向水滴中心未冻液水部分(这是因为冰中比水中更不易包含空气)。最后,内部也全冻结时,由于体积膨胀,再加上空气的分离,使冰粒中心总是存在许多气泡和裂缝,成为具有较不透明的核心的透明冰粒。但很小的冰粒,由于一次就很快冻结,其中所含空气不多,易在冻结时排走,所以形成的冰粒较为透明。

有些冰粒,在下降过程中,因为边降边冻的时间过短,在到达地面时,中心并未冻结,着地后即破碎。也有的冰粒在空中虽已冻成,但在降到地面附近时,因气温较高,表面有些融化变湿,所以情况也是较复杂的。

有些较大(半径大于 $500~\mu m$)的冰粒,整体也很透明,看不出中心有什么气泡和裂缝。这是因为形成这些冰粒的水滴,位于 0℃层高度上方不远,在上升气流支持下,能较长时间在该高度附近上下悬浮,冷却速度较慢。虽然也是表面先冷却,但由于它在下降过程中内部流动,这样,冷却过程就并不全是自外向内进行,而且冷却过程很慢,气泡易于被内部流动带到水滴表面脱离水滴而去,使水滴内气泡很少。这样,冻结时整体就变得较为透明。

(4)冰晶增长过程和水滴增长过程的比较

表 4.5　冰晶和水滴增长过程的比较

冰晶增长过程	水滴增长过程
冰晶的碰连或碰冻	水滴的并合过程
半径较小时,冰晶增长过程有效。	当半径超过 0.3 mm 时,并合增长作用就比较快。
典型的中纬度积状云中,降水的发展最先由冰晶过程起主要作用。	产生大雨滴,就必须在下落过程中产生冰晶的碰连,或者冰晶、雪花的碰冻以及雪花的融化。

许多积云最初总是在温度高于 0℃ 或至少高到云滴尚难冻结的情况下发展成的。接着,云体就垂直伸展到高于 0℃ 层并易于出现冰晶的高度。此时云中就可能同时存在着两种降水机制——开始是在云滴之间的并合过程,后来又出现冰晶增长过程。究竟以那一种过程为主,主要取决于云顶温度和云内液水含量,在某些情况下也取决于云滴浓度。在温度较高、含水量较大和云滴浓度较小的云中,将以并合过程为主。多次雷达观测出的云中最初的降水回波,通常出现在温度高于 0℃ 的区域。这就充分证明只有发生并合过程,才能发动降水,在冰晶出现时,还将促使并合过程加速发展。

4.2.3　冰质粒的繁生过程

冰晶在云中繁生,主要机制有三:一是脆弱的冰晶(如辐枝状、针状、杯柱状晶)与霰、其他冰晶、大水滴相碰或受强气流冲击而破裂;二是较大的个别云滴在冻结时破裂;三是在冰质粒结凇时形成了碎屑。

脆弱冰晶的破裂现象,这种现象能使云中冰晶数密度大增,破裂的原因主要是风力或碰撞。过冷大水滴的冻结破裂。学者们多认为,过冷却水滴必须半径大于 250 μm 时才会繁生,因为较大的云滴在均匀冻结(冻结过程中发生转动)时会出现全体破裂或部分破裂,从而形成冰屑和冰凸。下面对主要的繁生过程进行说明。

(1)结凇时的繁生

机制:冰晶在 -5℃ 时沿 C 轴发展较盛,最易形成针状及空心柱状晶,其密度很小,很脆弱,受外力易断裂。

观测表明,在 -8~-3℃ 之间冰晶数密度最大,往上往下都减小,而大滴(直径大于 24 μm)数密度最少,往上往下都增多。这说明该温度层是冰晶的繁生层,在该层内,大滴参与繁生过程,使得冰晶数密度加大,而大滴本身由于凇结或与结凇面碰撞破碎后冻结,而使数密度减少。

结凇繁生过程比较复杂,还有待进一步研究。但一般认为结凇能否产生冰屑与水滴大小、碰撞速度、气温、结凇表面的温度和结构等条件密切相关。产生冰屑最多的条件是:水滴直径大于 24 μm,云中气温为 -5℃,水滴碰撞速度为 2.5 m/s。

(2)连锁繁生

前面介绍了水滴的繁生与冰质粒的繁生。它们在云中都是动态的不断发生的过程。即所谓连锁繁生,或称多次繁生。

以水滴繁生为例,一个水滴可繁生出许多小水滴,这些小水滴又可被上升气流托升增大,成为雨滴下降,在下降中又可再度破裂繁生(包括口袋形破裂繁生及水滴相碰破裂繁生)。

以冰晶繁生为例,雪晶破裂繁生成许多碎屑,它们在过冷却云中很快又凝华成针状或辐枝状雪晶,并再度破裂繁生。有时冰晶在升降过程中先破裂繁生,然后小碎屑因蒸凝而增大,再与过冷水滴相碰而凇结,同时在结凇过程中再行繁生。有时雪花在繁生后再度增大,掉到0℃等温线以下,融化成水滴后再按水滴繁生规律增多水滴。总之,在云中进行着各种多次繁生过程,使降水质粒很快增多。

4.2.4　降水率与云的降水效率

(1)降水率

降水率(Precipitation rate)即降水强度:是指通过一水平面上的降水通量,用水的体积通量来测定,因而其单位为 $m^3/(m^2 \cdot s) = m/s$。但是为了方便,通常用 mm/h 来表示,常规观测中常用 6 h、12 h、24 h 或月年为时间单位。

前面已讲过,降水强度可以用降水的尺度分布函数 $n(D)$ 来表示,即

$$I = \frac{\pi}{6} \int_0^\infty n(D) D^3 u(D) \mathrm{d}D \tag{4.28}$$

其中 $u(D)$ 是大小为 D 的降水质粒的下落速度。对于固态降水粒子 D 表示融化后的水滴直径,因此,(4.28)式既可应用于雨,也可应用于雪、冰雹。

在地面以上各高度,可能存在着作垂直运动的气流,事实上如果存在速度为 U 的上升气流时,降水通量就应变成

$$I = \frac{\pi}{6} \int_0^\infty n(D) D^3 (u - U) \mathrm{d}D \tag{4.29}$$

显然,当 U 非常大时,这个量甚至可为负值。

如果为了排除上升速度对比较带来的不方便,有一个量与上升气流速度无关,可用以衡量降水量,这个量即为降水含水量 L,可定义为

$$L = \frac{\pi}{6} \rho_w \int_0^\infty n(D) D^3 \mathrm{d}D \tag{4.30}$$

在地面上 I 值的变化很大,超过 25 mm/h 的降雨率通常都是在对流云中出现的。在大多数地区中,降雪时比降雨时的降水率至少约小一个量级。中纬度的典型降水率约为 10 mm/h。

(2)云的降水效率

云是大气中的水汽转换成降水的中间阶段的产物。并不是所有的雨云在完成这种转换中都有相同的效力,都同样产生降水。例如,小积云往往增长很快,但一旦发展到出现降水质粒时,它就开始消散了,因此有许多云水不能转换为雨水,只能保留在高空,最后蒸发消失。由于各种不同的原因,许多层状云在产生降水方面也不是很有效的,虽然这些层状云可以在空中持续几小时,但它们既没有利于碰并的高液水含量,也没有发动冰晶过程所需的低温。因此,即使云体在高空处于过冷却状态,相对于冰晶过程来说,它是处于微物理不稳定状态的,但也只能产生少量降水。由云底进入的核所形成的云滴,在下落到云底时,将是小核形成的水滴半径比大核来得大。这是因为较小云滴这时开始长得较慢,它可以由上升气流带到较高的高度,因

而最后在下落途中反而长得更快[9,10]。

　　能否降水与云中微物理条件及过程有关,能否降大量降水则与云的宏观条件有关。本该共同发展的这两者在现实中却是此起彼伏的。

4.3　冰雹的形成过程

　　冰雹是固体降水的一种,降自发展旺盛的积雨云。降雹的云称为雹云。冰雹危害于农作物和果园,造成出行不便,是灾害性天气的一种。冰雹的形成条件,当云中温度低可达−40℃、过冷却云滴充分还有冰核(雹胚)存在。雹胚碰并过冷却云滴冻结长大生成的坚硬球状、锥状或形状不规则的冰雹,云中上升气流托不住后,下落到地面造成灾害,常伴随雷暴出现。

4.3.1　冰雹的结构特征

　　冰雹有圆球、扁圆球、椭球、扁椭球、圆锥、苹果形(在短轴的一端或二端凹陷如苹果)、盘形和不规则形。最常见的是圆球、圆锥和椭球三种。

　　(1)相态结构

　　海绵冰:冰水混合雹块。当雹块的热量难以很快被环境空气带走时,未冻的一部分水就在其由辐枝状冰晶组成的网格或骨架内被保留起来,从而形成海绵状冰结构。海绵冰的密度在 0.9 至 1.0 g/cm³ 之间,它常是很透明的。温度约为 0℃。

　　固实冰:过冷却水滴碰在雹块上,如果因冻结而释放的热量很容易传到环境空气中去,整个雹块就可降温而很快固结,形成固实冰结构。固实冰又可分为两类,一类是密实冰,另一类是多孔冰。密实冰是温度较高的过冷却水滴在碰撞时,在雹面上先散布形成一层薄膜,而后再冷却并冻结成冰。这种冰通常较为透明,其密度接近 0.9 g/cm³。若过冷却水滴的过冷程度很厉害,它碰到雹面后,每个小水滴迅速冻结,使雹面形成多孔冰结构,这种冰通常是不透明的,其密度比较低,有时候低至 0.2 g/cm³。

　　(2)气泡结构

表 4.6　冰雹气泡结构

分类	气泡含量	透明度	密度	形成温度
明净冰	基本不含气泡	透明	约 0.917 g/cm³	0～5℃
透明冰	含少量气泡	透明度稍差	约 0.85 g/cm³	−15～0℃
乳白色冰	含大量小气泡	呈乳白色	约 0.65 g/cm³	−15～−5℃
白色冰	含有大量气泡	不透明	约 0.65 g/cm³	−10℃以下
粒状冰	含有更多的空气	不透明	约 0.2～0.6 g/cm³	

图 4.5 冰雹剖面

冰雹的尺度一般在 5 mm 以上,但存在很大差异,最大的可超过 10 cm,其中小冰雹较为多见。据新疆观测,直径在 5～20 mm 间的冰雹占总数的 92％,大于 20 mm 的仅占 8％。如果通过冰雹中心作一剖面,就会看到明显的层状结构。最中心的部分称为雹胚,环绕雹胚是一层又一层透明度及密度各不相同的冰层,像树木年轮一样,每一层的厚度从几毫米到 1 cm 不等,它包括层次的多少均由冰雹在云中的形成过程决定。从尺度上看,直径 1～3 cm 的冰雹一般是 2～5 层,直径为 3～5 cm 的大冰雹一般是 4～6 层,直径大于 5 cm 的特大冰雹中有 30％其层次多达 10～20 层。

(3)雹胚结构

冰雹中心的"雹胚"有二类东西充当:霰和冻滴(雹核)。霰形成于低温而含水量小的云中,冻滴则由大过冷滴冻结而成。李子华等对雹胚的研究发现,雹胚性质与雹块大小有关。大冰雹中以霰为雹胚的为多,小冰雹中以冻滴为雹胚的为多。绝大多数雹块只有一个胚胎,很少有多个胚胎同时包含在一个雹块中。

(4)雹云的结构

雹云是积雨云中最为强烈的一种。具有厚度大、上升气流强、含水量丰富和负温层厚等特点。根据生成环境和内部结构,有人将雹云分成四类:超级单体、多单体、强切变和飑线雹云。然而一些例子表明,强切变雹云与超单体雹云具有相似的内部结构,而飑线雹云则是一串并列而独立的单体。观测还发现一种结构特殊的雹云被称为对称雹云。我国新疆还发现一串单体雹云先后产生于同一固定地点,在弱切变风场中向下游移动,经历积云发展的三个阶段,被称为点源雹云。

这种雹云由单个环流单元组成,包含一个上升气流区和一个下沉气流区。这种雹云以其个体庞大(水平宽度可达 20～30 km,垂直厚度可达 10 余千米),生命期长达好几小时而被称为超级单体雹云。

曾观测到一个超级单体雹云,移行 300 多千米,降雹带宽 10～15 km,长 200 多千米,冰雹最大直径达 5 cm。越级单体雹云虽然发生的频率不高(占全部雹云的 10％左右),但危害却很大(占雹灾的 50％～75％),所以备受人们的关注。

雹云的空间结构如图 4.6 所示。云体自西向东移动,上升气流自东南向西北斜升进入云内(粗黑线表示),然后在某一高度上右转向东北方与环境风向相一致,拉出云砧,云的轮廓南北方向比较对称,东西向则不对称。上升气流区上升气流很强(可达到 10～40 m/s),云滴只用几分钟时间即可从云底上升到云顶,所以云滴长得不大,雷达反射波也就较弱,是弱回波区。这个弱回波区被称为回波穹窿。穹窿的南、西和北三侧为强回波区所包围,称为回波墙。回波墙是强降雹区所在,再外围依次是小冰雹、大雨和小雨区。

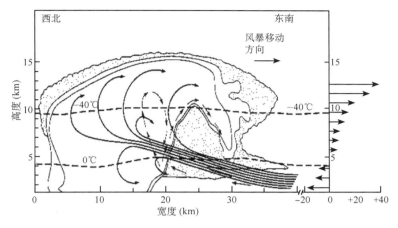

图 4.6 雹云的空间结构

4.3.2 冰雹的干、湿增长机制

冰雹的分层结构最早由路德兰姆(Ludlam)提出的干增长和湿增长来解释。路德兰姆认为在含水量小而温度低的云区,因为冰雹碰并的水量少,因而冻结释放的潜热也少。再加气温低,雹块散热快,因此碰撞雹块的过冷水滴未及从冰雹表面漫流开来就已冻结为冰,在一定的程度上保持其圆球形,冻滴之间留有许多空隙,于是形成不透明层次,这是冰雹的干增长。

与此相反,如果云的含水量比较大,环境气温也不太低,则冰雹的散热不及冻结潜热释放的快,被碰撞水滴只能有一部分冻结,过冷水在冰雹表面铺展成水膜,冻结过程在水与冰的交界面上进行。这样形成的冰层透明而密度大,这称为冰雹的湿增长。冰雹生长区位于过冷雨水累积区,在强上升气流支撑下,冰雹能得到充足的时间有利于冰雹与大量过冷水滴的碰并而迅速增大[11]。

雹块的透明不透明层次,除了前面介绍的霰粒增长过程中因自身(m/A)的变化外,另一主要的原因是由云中垂直速度的分布和云的结构。

(1)单一云体内:垂直速度在中上部最大,对应过冷却液水累积区

可以将雹增长可大体分为四个阶段:

阶段一:从云底上升到云中部。在该阶段,雹还仅具有霰的大小。继续增大。

阶段二:从云中部上升到最高处。在该阶段中雹还不大。但因雹块增大较快,重力增加,使上升速度减小,当升到最高处,因下降末速与上升气流平衡,于是不再上升。

阶段三:下降到云中部。在这阶段下降的冰质粒的质量增加得很快,冰雹之增大主要出现在此阶段中。这是因为它在下降中不断遇到愈来愈大的上升气流,所以增大时并不一定下降加快,这就使冰雹在此区逗留时间较长。另外又因上升速度随高度升高而减小,使随之上升的小水滴在此层积储最多,形成过冷却水分的累积区,从而使冰雹能与较多的过冷却水滴相碰而增大很快。因此这个区域及这个阶段是冰雹形成的关键区域和关键阶段。

阶段四:从云中部降到云底。在此阶段中,因上升气流速度随高度减小而减小,再加上冰雹愈往下掉体积愈增大,其下降速度增加很快,故冰雹很快就掉到云底,增大不多。

（2）雹云中的循环增长

雹块的透明不透明层次，归根结底，都是因为增长过程中经过不同的云结构，交替经历干增长和湿增长两种过程就会形成分层结构。雹块干湿增长的条件可由云内实际含水量同干湿增长的临界含水量确定，后者主要与温度、雹块尺度、碰并效率、通风因子等有关。云中存在丰富的过冷水对冰雹胚胎和冰雹形成、增长都是十分重要的。转化成雹胚的霰和冻滴的形成、增长都需要过冷水。冰雪晶的大量出现是形成雹胚的重要条件，若无丰富的过冷水，也就不会有大量雹胚形成，即使有雹胚形成，也很难靠凝华增长而成为大冰雹[12]。

小 结

本章从宏观及微观介绍了暖云降水、冷云降水的形成及冰雹的发生增长机制，通过对本章的学习，了解、掌握降水的形成过程。但具体的微观过程是相当复杂的，还需要进一步的研究。

习题

[1] 雨滴谱分布为一般的负指数形式 $N(D) = N_0 \exp(-bD)$，其中常数 N_0 等于 $0.08\ \mathrm{cm}^{-4}$，参数 b 决定于降水率；下落末速度与雨滴大小的关系为 $V(D) = kD$，其中 $k = 4 \times 10^3\ \mathrm{s}^{-1}$；试推导因雨滴碰并作用致使云中含水量 M 产生消耗的消耗速率表达式，并证明在无铅直气流，碰并效率为 1，且除雨滴碰并作用外无其他导致云中含水量变化的过程的云中，当降水量始终是 $10\ \mathrm{mm/h}$ 时，5 分钟后，M 值将减小到其初始值的 45%。

[2] 暖云降水、冷云降水区别是什么？

[3] 请解释为什么降水问题是一个宏微观物理过程相结合的问题？

[4] 冰雹干、湿增长机制是什么？

[5] 有利于冰雹发生、发展的条件？

参考文献

[1] 黄美元，徐华英. 云和降水物理. 北京：科学出版社，1999，218-219.

[2] 梅森，王鹏飞译. 云物理学简编. 北京：科学出版社，1983，52-61.

[3] 周秀骥. 暖云降水微观物理机制的统计理论. 气象学报，1963，**33**(1)：97-107.

[4] 周秀骥. 暖云降水微观物理机制的研究. 北京：科学出版社，1964.

[5] 石爱丽. 层状云降水微物理特征及降水机制研究概述. 气象科技，2005，**33**(2)：104-108.

[6] 王昂生，N. Fukuta. 冰晶增长规律的定量研究. 大气科学，1984，**8**(3)：242-251.

[7] 王昂生，黄美元. 冰雹云物理发展过程的一些研究. 气象学报，1980，**1**：64-72.

[8] 洪延超. "催化—供给"云降水形成机理的数值模拟研究. 大气科学，2005，**29**(6)：885-896.

[9] 顾震潮. 论近年来云雾滴谱形成理论的研究. 气象学报，1962，**32**(2)：267-284.

[10] 顾震潮. 云雾降水物理基础. 北京：科学出版社，1980：173-179.

[11] 周玲. 冰雹云中累积区与冰雹的形成的数值模拟研究. 大气科学，2001，**25**(4)：536-550.

[12] 洪延超. 冰雹云中微物理过程研究. 大气科学，2002，**26**(3)：421-432.

第 5 章　云和降水过程的探测

　　云和降水是大气动力、热力及微物理过程的综合体现,也是大气运动的产物。云降水物理学是气象学的重要组成部分。对云和降水的探测对云降水物理、人工影响天气等领域有着重要意义。对云和降水的探测研究可以从微观和宏观两个方面进行。在云和降水的微观特征研究中,需要对空气中的微粒、云中的粒子以及降水微粒进行测量,以研究云和降水的形成机制。在云降水宏观研究中,则需要综合环流形势、雷达和卫星云图等资料对降水过程进行研究。可以看到,无论是对云降水的微观还是宏观研究都是建立在大量的观测资料基础上才能进行的。目前,对云和降水过程的研究特别是微物理研究还不够深入,关于云的形成机制、降水的物理过程研究还有很多不足,而这些都与其探测技术发展息息相关。

　　研究表明在一定条件下,气溶胶粒子可以作为云凝结核成云;之后又在云凝结核(包括冰核)的影响下致雨。对于降水的测量主要可以通过雨滴谱和雹谱实现,当然,随着科学技术的进步,如今可以通过多种观测手段实现对云和降水过程的探测。因此,本章将对气溶胶粒子、云凝结核、冰核、雨滴谱、雹谱的测量和降水过程的探测进行较为全面的介绍。

5.1　气溶胶粒子的测量

5.1.1　气溶胶

　　大气气溶胶指悬浮在大气中的固体和液体颗粒物,通常直径为 1 纳米到 100 微米,是大气的重要组成成分之一[1]。气溶胶通过影响辐射过程来影响气候,它的辐射强迫可分为两个方面,一是直接强迫效应,大气中的气溶胶粒子直接散射、反射和吸收太阳辐射,从而改变到达地面的太阳辐射量。二是间接效应,大气中的气溶胶粒子在过饱和环境中可以作为云凝结核(CCN,Cloud Condensation Nuclei)和冰核(IN,Ice Nuclei)影响云和降水的的形成,这是云物理中的重要一环[2]。此外,如今备受关注的霾也是大气气溶胶的一种,主要是指由 0.1 微米左右的灰尘、硫酸、硝酸、碳氢化合物等固体粒子组成使能见度恶化的气溶胶。

　　气溶胶的来源可分为天然源和人工源(表 5.1)。天然源主要包含地面扬尘、火山喷出物等一次颗粒物和硫化物、氮化物发生化学反应的二次颗粒物。人为来源则是在人生产活动中产生,如燃料燃烧产生的飞灰、汽车尾气排放产生的颗粒物等。

表 5.1 气溶胶的来源

气溶胶的来源分类	天然源	人工源
气溶胶的来源	扬尘、火山灰、海盐(一次颗粒物)等;硫化物、氮化物(二次颗粒物)等	燃料燃烧产生的飞灰、汽车尾气等

根据气溶胶粒子的大小,可将颗粒物分为总悬浮颗粒物(TSP,Total Suspended Particulate),包含直径小于 100 μm 的飘尘(AP,Airborne Particle)和降尘(Dustfall);直径小于 10 μm 的可吸入颗粒物 PM_{10}(IP,Inhalable Particulate)和直径小于 2.5 μm、易于通过呼吸过程而进入呼吸道的粒子细颗粒物 $PM_{2.5}$。需要注意的是,气溶胶粒子并不是在所有尺度上均匀分布的,其分布与气溶胶的来源和形成过程有密切关系。K. T. 怀特比(K. T. Whitby)据此提出了气溶胶粒子的三模态模型(图 5.1):爱根核模态(<0.1 μm)、积聚模态(0.1~2 μm)和粗粒模态(>2 μm)[3]。

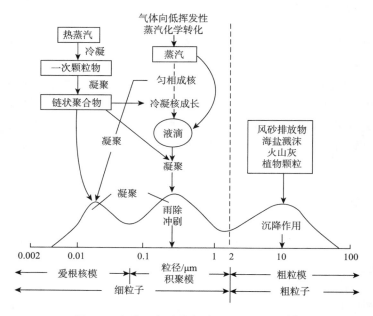

图 5.1 怀特比提出的气溶胶粒子三模态[3]

气溶胶对云和降水的影响是很复杂的,主要通过云凝结核(CCN)和冰核(IN)来影响云的宏观和微观特性,从而影响降水(图 5.2)。

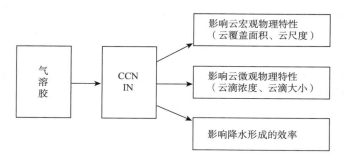

图 5.2 气溶胶对云和降水的影响过程[4]

（1）气溶胶对云宏观特性的影响

气溶胶可以充当凝结核，影响层状云的覆盖面积和尺度，但是要用现有手段对其进行定量估测尚存在困难。例如，当气溶胶浓度增加时，卫星观测到低层云覆盖面积增大[5,6]，而大涡模式模拟得到层状云覆盖面积减小[7,8]，两者的结果正好相反。气溶胶对对流云的云覆盖面积等也有影响。气溶胶对单体对流云和多单体对流云系的影响不同。当气溶胶浓度增加时，可使单体对流云覆盖面积和云尺度减少，而使多单体对流云系覆盖面积增加。但是在不同大气条件下，含水量、对流稳定度等因子的差异也会影响云覆盖面积，而卫星是无法直接探测到这些因素的影响的，因此这一结果是否准确也有待商榷。

（2）气溶胶对云微观特性的影响

大气中的气溶胶只有很少一部分参与云滴和冰晶的形成过程即核化作用充当云凝结核，包括巨核（GCCN，Giant CCN）和冰核，从而影响云滴、冰晶的形成、排列等，这就是气溶胶的间接效应。这种间接效应可分为两种：第一类间接效应也称为 Twomey 效应[9]，即气溶胶的浓度的增加引起云粒子数浓度增加，云粒子半径减小。这一效应已被大量观测证实。第二类间接效应，也称为 Albrecht 效应或云生命期效应[10]，指人为气溶胶增加引起云粒子半径减小，从而抑制降水，并且使云生命期发生变化。

（3）气溶胶对降水的影响

前面已经介绍气溶胶会对云滴、冰核产生影响。而这些水成物最开始的尺度和浓度分布决定了降水形成的效率[4]。例如当巨核充当胚胎生成大滴时，会加速水滴的碰并增长，更加有利于降水生成。降水效率的改变会影响云的动力学过程，从而改变云的形状和水平垂直方向的尺度分布等特征。而且，发生在云内水成物之间的化学反应可以通过改变云的组分和尺度分布特征，反过来影响气溶胶物理化学性质。由于云滴的蒸发，云滴中充当凝结核的气溶胶可被重新释放到大气中。而根据前面关于气溶胶来源的介绍，气溶胶的化学成分和浓度也是变化的。有研究表明，污染气溶胶的浓度增加，会使降水减少[11]。总之，这是一个相互影响的复杂过程。

由于气溶胶是云和降水的重要影响因素之一，近年来，国内外对气溶胶与云降水间的关系也非常重视，开展了许多研究项目。例如，2006 年启动的国家重点基础研究发展计划（973 计划）"中国大气气溶胶及其气候效应的研究"项目中就单独设置了"气溶胶—云相互作用与间接辐射效应"的课题。国外也在各地开展了诸如南半球、北大西洋和亚洲及太平洋地区的气溶胶特性试验 ACE-1 计划、ACE-2 计划、和 ACE-Asia 计划等关于气溶胶的研究。这一系列研究的开展都离不开对气溶胶粒子本身物理化学特性的测量。

5.1.2　测量方法

气溶胶粒子无时无刻地不在影响着人们的生产生活。了解气溶胶粒子的浓度对进行后续研究是非常必要的。对气溶胶粒子浓度的测量，目前主要的方法有以下四种：

（1）重量法

仿照人体呼吸系统的构造，分别通过一定切割特征的采样器（图 5.3），以恒速抽取定量体积空气，使环境空气中的 $PM_{2.5}$ 和 PM_{10} 分别被截留在已知质量的滤膜上，根据采样前后滤膜的质量差和采样体积，计算出 $PM_{2.5}$ 和 PM_{10} 的浓度。

（2）Beta（β）射线法

β射线仪是利用β射线衰减的原理来测量气溶胶浓度。首先,将环境空气由采样泵吸入采样管,经过滤膜后排出,颗粒物便沉积在滤膜上;然后,当β射线通过沉积着颗粒物的滤膜时,β射线的能量衰减,这样通过对衰减量的测定便可计算出颗粒物的浓度。此原理不易受粉尘粒子大小及颜色的影响,具有操作简便、快速的优点。常用仪器是 BAM-1020（图 5.4）。

（3）微量振荡天平法（TEOM,Tapered Element Oscillating Microbalance）

微量振荡天平法是在质量传感器内使用一个振荡空心锥形管,在其振荡端安装可更换的滤膜,振荡频率则取决于锥形管特征和其质量。当采样气流以一定流速通过滤膜,其中的颗粒物沉积在滤膜上,滤膜的质量变化导致振荡频率的变化,通过振荡频率变化计算出沉积在滤膜上颗粒物的质量,再根据流量、现场环境温度和气压计算出该时段颗粒物标志的质量浓度。采用该方法的代表性仪器是 TEOM 1400 a 和 TEOM1405 s 系列（图 5.5）。

图 5.3　八级撞击采样器

图 5.4　BAM-1020

图 5.5　质量传感器 TEOM1405 s

（4）激光散射单粒子原理

激光散射单粒子原理是抽气泵以恒定流量将环境空气吸入测量室,半导体激光源以高频率产生 685 nm 激光脉冲。该种激光相比其他波段激光不易受水汽影响并且可以利用 90°散射技术避免气溶胶颜色对散射造成的影响。当激光照在气溶胶上,发生散射,散射光经反射镜（与激光入射方向成 90°夹角）聚焦后到达对面的检测器,根据检测器接收到的脉冲信号的频率和强度来推算气溶胶的数量和所属粒径范围[12]。代表仪器是德国 Aerosol Technik GmbH 公司生产的 GRIMM180 仪器（图 5.6）。

表 5.2 对微量振荡天平法和激光散射单粒子法的测量稳定度等做了对比分析,结果显示：TEOM1405 s 对于各粒径范围的观测值均大于 GRIMM180,特别是对于 PM10。GRIMM180 在稳定性方面明显优于 TEOM1405 s;TEOM1405 s 测量结果偏大。

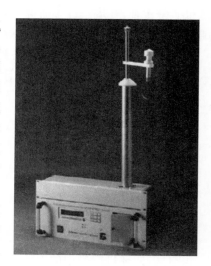

图 5.6　GRIMM180 仪器

表 5.2 TEOMl405 s 与 GRIMM180 同期有效数据统计参数[13]

仪器	TEOM1405 s			GRIMM180		
PM 粒径范围	PM_1	$PM_{2.5}$	PM_{10}	PM_1	$PM_{2.5}$	PM_{10}
平均值/$\mu g/m^3$	43.4	52.9	87.8	42.9	49.8	62.4
均方差/$\mu g/m^3$	26.9	34.6	60.7	60.7	28.3	39.4
最大值/$\mu g/m^3$	190.7	274.3	508.1	508.1	198.2	259.7
最小值/$\mu g/m^3$	0.2	0.2	0.1	0.7	1.9	2.1

在气象研究中,气溶胶的测量通常是通过卫星遥感进行反演。1978 年,搭载在美国诺阿(National Oceanic and Atmospheric Administration)极轨卫星平台上面的 AVHRR(Advanced Very High Resolution Radiometer)卫星传感器是最早用于气溶胶光学厚度反演的卫星传感器。之后,随着传感器技术的进步,在气溶胶的监测方面已经实现了传感器的多源、高分辨率、宽覆盖、高光谱多波段等特性。例如,美国 MODIS 卫星和我国的风云卫星都可以进行气溶胶的观测并且提供相应的产品(表 5.3)。

表 5.3 常用于气溶胶测量的卫星及其介绍

卫星	搭载传感器	网址	用途
NOAA 卫星	AVHRR	http://www.noaa.gov	基于可见光通道对海洋上空气溶胶光学厚度的反演
Terra 和 Aqua 卫星	MODIS	http://modis.gsfc.nasa.gov/data/	基于暗像元法(TD)和深蓝算法(TB)反演的气溶胶产品
FY 卫星	MERSI 和 VIRR	http://fy3.satellite.cma.gov.cn/	陆上气溶胶(ASL)和海上气溶胶(ASO)产品

气溶胶对云和降水的影响主要通过云凝结核和冰核实现。对云凝结核和冰核的测量将在接下来两节进行详细介绍。

5.2 云凝结核的测量

5.2.1 云凝结核

上一节已经介绍了大气气溶胶粒子进入云中,在一定条件下可以作为云凝结核参与云的微物理过程,决定云滴的浓度及初始粒径大小从而影响降水的形成效率。

艾特肯早在 1880 年便使用实验验证了水汽的凝结总是依附在大气中的微粒上进行的,并且他提出这种微粒可分为两种:吸湿性和非吸湿性的核。随后,他通过进一步的研究发现,空气中散布的半径小于 0.01 μm 的粒子对云凝结难以起作用,因为它们的活化条件需要大约 300% 的过饱和度;而半径大于 10 微米的粒子,则由于在空中的时间较短也难以起到凝结核的作用。

5.2.2 测量方法

凝结核浓度的测量主要借助凝结核计数器（CNC，Condensation Nucleus Counter）实现。研究表明，在实际大气中并不是所有气溶胶粒子都能凝结，并且主要起凝结作用的气溶胶粒子最小直径有时只有几纳米，这就意味着即使用激光探测技术也难以直接测量到。这时，就需要收集样气，并采用一定方式使其达到过饱和而产生凝结，最后根据凝结浓度和过饱和度之间的关系进行计算。

凝结核计数器就是根据潮湿空气在绝热膨胀时冷却这一原理使被测气体先凝结，再测量其凝结粒子浓度的方法，从而间接测量凝结核浓度[14]。至今主要有以下几种凝结核计数器：

（1）爱根核计数器（Aitken Nucleus Counter）

最早的凝结核计数器是由艾特肯于 1887 年设计的，但是该仪器比较笨重。随后，于 1888 年研究成功一款较轻便的凝结核计数器（图 5.7），称为爱根核计数器[15]。仪器为一个与抽气筒相连的小室，小室内侧附有一层浸湿的滤纸，以保证室内空气接近饱和，其上有一放大镜来进行观测读数。当小室内装入一定体积的待测气体后，用抽气筒抽气，则小室内降压从而达到较高的过饱和度。这样，空气中的水汽便在悬浮的气溶胶粒子（即凝结核）上凝结增长形成水滴，沉降在小室底部其刻有尺寸网格的玻璃板上，用放大镜读出小水滴的数，乘以仪器的校正系数即为凝结核浓度。该仪器的误差较大，为 $10\% \sim 20\%$。实际上，爱根核计数器也是一种云室，其体积极小，只有几十立方厘米；而构造简单，控制要素只有压力一项。

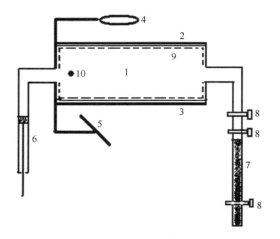

图 5.7　爱根核计数器剖面图

（1—小室，2 和 3—小室的玻璃基面，4—放大镜，5—小镜，6—抽气筒，7—过滤器，8—开关，9—浸湿了的滤纸，10—搅拌棒）

爱根核计数器虽然结构简单，也仅能测定爱根核（直径 $0.001~\mu m \sim 10~\mu m$）的浓度，但它的出现有着深远的意义。它的基本原理影响着其后出现各种仪器。即使在多年之后，仍有研究者将爱根核计数器进行改进[16]，并与 N-P 计数器进行对比研究。

（2）N-P 计数器（Nolan-Pollak Counter）

N-P 计数器是在 1945 年由诺兰（P. J. Nolan）和波拉克（L. W. Pollak）制造的计数器，其命名就采用了两人的名字[17]。它是世界第一台能够快速又较准确地测量出凝结核浓度并得到广泛应用的计数器。该仪器不仅能测定凝结核的数目，也可以测定诸如凝聚系数、扩散系数等凝结核的特性。自第一台 N-P 计数器诞生后，许多研究者先后对 N-P 计数器进行改良和仿制，做了大量的实验，并通过不同计数器结果的对比，共同制定仪器的修正函数和各项参数。N-P 计数器的工作原理是通过膨胀使原本被压缩的空气迅速冷却，以实现过饱和并产生凝结。最早的压缩空气与大气压的比率固定为 1.21。

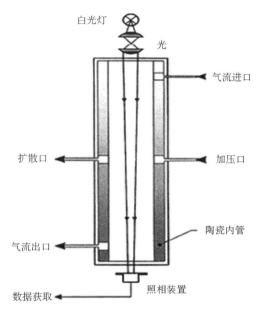

图 5.8　N-P 计数器剖面图[18]

该仪器的构造如图 5.8 所示，是一个双层的正圆柱容器。内层由陶瓷构成，直径为 25 mm。在容器一端设有会聚性白光灯，另一端设有照相装置。气流从进口流入容器，出口流出。每隔 40 min，系统换气 1 min 以供下次测量。每次换气结束后，系统关闭气流进、出口，并从加压口输入干净的湿空气，迅速加压加湿，使容器内气压达到 1.21 倍大气压，空气达到过饱和。等待 1 min 以便让空气充分湿润，然后通过扩散口迅速将气压放掉，由于降压时间非常短，并且使用了陶瓷内壁，整个过程类似于绝热膨胀，温度会迅速下降，使水汽在凝结核上产生凝结。在照相装置端接收到的图像中，由于凝结粒子的遮挡作用，会产生暗点，然后找出图像里暗点最多的一张，记录下暗点的个数，并进行适当的修正，得到凝结核的数量。

N-P 计数器理论可测量到的最小粒子半径为 2 ± 0.2 nm，这一数值与现在最好的凝结计数器基本相当，并且 N-P 计数器的测量范围可从 0 到 >500 000 cm。这些特点都体现了 N-P 计数器的优势，这也是该仪器一直到 90 年代才逐渐不被使用的原因。

（3）凝结粒子计数器（CPC，Condensation Particle Counter）

凝结粒子计数器是现在主流的凝结核计数器，它的出现逐渐取代了 N-P 计数器。该仪器是先使空气饱和凝结，随后再由激光探测器计算出粒子个数。当载有凝结粒子的气流通过激光传感器时，由于激光器腔内直径小，一次只能通过一个凝结粒子，因此又称此类凝结核计数器为单粒子计数器。在开始计数之前，单粒子计数器采用不同的方法使空气过饱和产生凝结，如采用正丁醇代替水蒸汽使空气更易饱和或者将气体分股利用冷热对流混合产生凝结等，但基本思路都是将气体增湿（过饱和）后降温产生凝结。

单粒子计数器计数部分原理如图 5.9 所示。采用激光作为粒子计数器光源测量凝结粒子，将一束 780 nm 左右波长的激光经过光学透镜组成以一定角度照射被采空气，空气中微粒快速通过测量区时，入射光会散射形成一个光脉冲信号。在光源接收端，散射光信号经过光电倍增管的作用线性地转化为相应幅度的电脉冲信号，然后以内置的脉冲高度分析器来完成对各种规格的电脉冲幅度的计数工作，各种电脉冲的幅度就相应于不同的微粒大小，脉冲数量就是相应的微粒数目。

单粒子计数器利用光散射原理计数，不仅可以测量出粒子浓度，还可以根据同尺度粒子散射后不同光强测出粒子尺度的谱分布，在研究中具有重要意义。

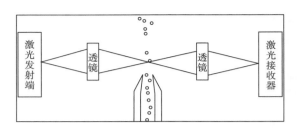

图 5.9　激光计数原理图[14]

（4）电子低压撞击计数器（ELPI，Electrical Low Pressure Impactor）

电子低压撞击计数器是凝结核计数器设计的又一种尝试。最小测量粒径范围为 $7\sim10~\mu m$，仪器主要由级联撞击器、线管级电晕、多通道静电计三个部分组成。它的计数原理如下：

首先载有气溶胶粒子的气流通过线管级电晕充电，经过电晕后，气溶胶粒子就变成了带电粒子。粒子带电量与其大小成正比。随后将带电粒子气流送入低压级联撞击器中。撞击器按收集到粒子直径不同分成 12 级，每一级撞击器上都有一个静电计，如图 5.10 所示。由于不同粒径的粒子具有不同的动

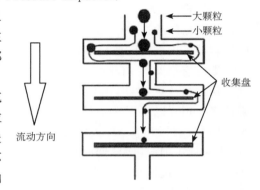

图 5.10　ELPI 计数器工作原理图

力学惯性，因此当气流经过撞击器第一层时，大粒径的颗粒物无法随气流转变而撞击在收集盘上，中小粒径的颗粒由于惯性力较小而顺利通过进入撞击器下一层。依此原理，不同直径大小的颗粒依次被各个收集盘收集。因为之前气溶胶粒子已经带电，因而带电粒子在不同层撞击器中被收集后会释放出微弱的电流，这个电流值会被对应通道的具有极高灵敏度的静电计测得。这样就可以根据表达式（5.1）得到不同通道（即不同粒径尺度）气溶胶的浓度。

$$N = I/(PneQ) \tag{5.1}$$

式中，N 为粒子浓度，I 为校正电流，P 为粒子带电效率，n 为当前直径下粒子平均带电量，e 为原电荷电量，Q 为气溶胶流量（ELPI 计数器要求 $Q=10$ L/min）。

ELPI 计数器能适应各种温度，因此能测量多种凝结核。因为有些凝结核的存在依赖于温度，如下一节要介绍的冰核，便只能存在于低温环境，采用冷热对流方式产生凝结的单粒子计数器无疑不适合对其测量。从这方面看，ELPI 的设计更合理性。

目前该仪器主要应用于检测室内空气质量等行业中，还没有被广泛运用于气象研究。

5.2.3　基于云凝结核测量的研究

美国 DMT 公司设计制造的云凝结核计数器，采用激光计数原理，能测出连续气流在相应过饱和度下的浓度，是目前气象研究中常用的计数器。

图 5.11 就显示了基于三台该凝结核计数器所测数据得到的黄山山顶、山腰和山脚在不同过饱和度（$S=0.6\%$，$S=0.8\%$，$S=1.0\%$）情况下云凝结核数浓度的分布概率。在 CCN 数浓度小于 $1000/cm^3$ 时，山底分布概率小于山顶和山腰；而大于 $1000/cm^3$ 时，数浓度分布概率由大到小依次是山底、山腰和山顶。

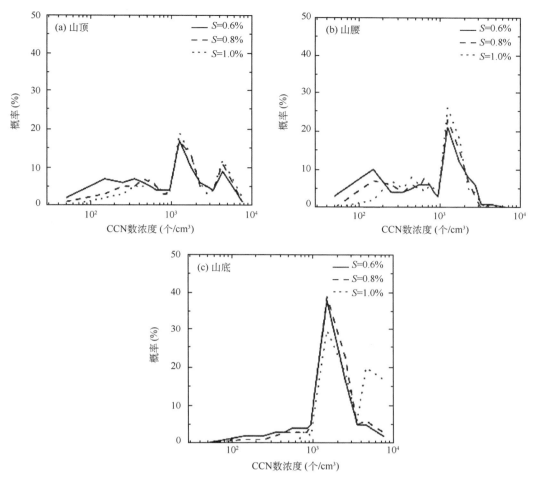

图 5.11　不同高度数浓度概率分布[19]
(a)山顶；(b)山腰；(c)山底

5.3　冰核的测量

5.3.1　大气冰核

　　大气冰核是指大气中可以引发水蒸汽的凝华或者促进过冷水滴冻结从而形成冰晶的固体粒子[20]。20 世纪初的一些研究表明,在−10℃的云层中仍存在大量过冷水,在低于−40℃时过冷水的冻结才自发发生,这被称之为匀质核化;而含有固态微粒的过冷水在高于−40℃时就可以形成冰晶,异质核化[21]。20 世纪中旬对大气冰核的研究开始广泛进行,并且许多研究都证明了冰核的存在及作用。如 1969 年,日本科学家利用显微镜在南极采样中发现 93 个雪晶中有 79 个含有不同类型的冰核[22]。在图 5.12 中,列举了该研究中显微镜观测到的两种不同的冰核,从左至右依次是伊利石(illite),叙永石(halloysite)。

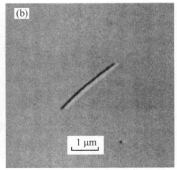

图 5.12　不同种类的雪晶冰核伊利石(a)和叙永石(b)[22]

冰核通过凝华核化、凝结冻结核化、浸润冻结核化以及接触冻结核化四种异质核化机制[23]形成冰晶。

大气冰核的来源主要是气溶胶粒子,与大气中气溶胶粒子的比率为 $10^{-3} \sim 10^{-6}$,可见,只有少量的气溶胶粒子会成为冰核。此外,冰核的来源还包括沙尘粒子、矿物尘埃、工业烟尘、火山爆发的火山灰和流星尘埃等。

5.3.2　测量方法

前面已经介绍了大气冰核可以激发过冷水以促进冰晶的形成。而在冷云降水过程中,冰晶对于降水的形成有重要作用,也常常被用于人工降水试验中。因此,对大气冰核的观测,在云和降水物理过程、人工影响天气等方面的研究中有着重要的意义[24]。大气冰核的观测主要是进行冰核浓度的测定。但由于冰核的尺度很小,在缺乏低温和水汽条件时,难以观测到;并且冰核的观测还受时间地点等因素的影响。因此,需要模拟冷云条件使收集到的样气活化并形成可供观测的冰晶(即活化显示处理),再选用合适的检测器对冰晶计数,如图 5.13 所示。

冰核活化处理,形成可计数冰晶（冷云室法、滤膜法）　➡　冰核检测技术（目测法、过冷溶液法）

图 5.13　冰核观测流程图

(1)冰核活化方法

冰晶活化的方法一般采用冷云室法。以冷却样本空气的方式又可将冷云室法大致分为混合云室和膨胀云室。混合云室法的原理是使样本空气和水汽在冷云室中以扩散、混合方式达到平衡低温,使冰核活化生成冰晶。而膨胀云室则是在云室中充满预冷好的饱和样本空气,再用抽气机使之迅速膨胀降温,使冰核活化形成冰晶。

另一种常用的活化方法是薄膜过滤法(滤膜法)。该方法将过滤薄膜安在取样器的探头上,用抽气泵将样本空气通过滤膜进行过滤,含有冰核的大气气溶胶粒子被滞留在滤膜上,然后将采样后的滤膜进行活化显示处理。

(2)冰核检测计数方法

冰核活化生成冰晶后,可以用多种方法进行检测计数。

对于冷云室法活化的冰晶,最早的检测方法是目测法。用平行光照亮冷云室中一定的样气,目测其中下落的冰晶数。当然,该方法是极不准确的。现在采用的方法大多是使冰晶全部落在检测器上再采用各种方法来计数。1)使冰晶落在玻璃片上,用显微镜计数。2)使冰晶落在过冷溶液中,冰晶会迅速长大到可视程度,以便计数。常用的过冷溶液包括:过冷聚乙烯醇溶液、过冷糖溶液、过冷硅酸钠溶液等。如图 5.14 和图 5.15 中的混合云室就采用过冷糖溶液。

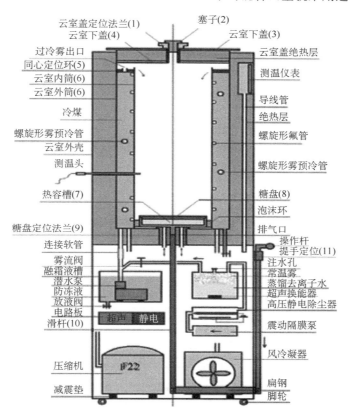

图 5.14 改进混合云室结构图[29]

通过滤膜法或热沉降法进行冰晶活化的都是对取样膜片或铜板,通以水汽降温,使膜片或铜板上的冰核活化形成冰晶,再用显微镜放大或过冷溶液使之长大再计数。

(3)主要冰核观测方法介绍

冰核的观测方法基本就是将上述的冰晶活化方法和冰晶检测计数方法进行组合而得到的。

1957 年,毕格(Bigg)[25]最先提出利用快速膨胀云室(rapid expansion cloud chamber),也称毕格型冰核计数器来测量冰核浓度。该仪器主体为一混合型冷云室,云室底部是过冷糖溶液盘。糖溶液盘置于盛满阻冻剂并可上下拉提的容器上,且糖溶液中糖、水质量比为 1:1。冷室外壁是蒸发盘管制冷机通过蒸发盘管实现制冷降温制冷下限温度为−30℃。云室内壁涂上甘油以防结霜。抽取空气样气达到预定温度后通入饱和空气形成过冷雾,过冷雾可维持23 min。空气中的冰核活化后形成小冰晶落在糖液盘上长大至可目测计数的尺度后将糖液盘取出并读数经过计算可得冰核浓度。

1963 年,毕格等[26]又提出滤膜扩散云室法,也称为滤膜法。国内的杨绍忠等[27]对其进行改进(图 5.16)。

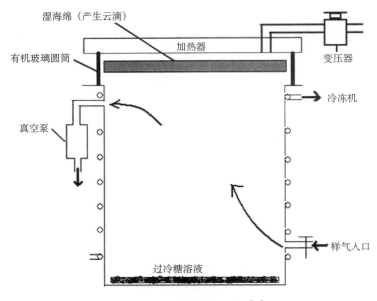

图 5.15 云滴沉降式云室[30]

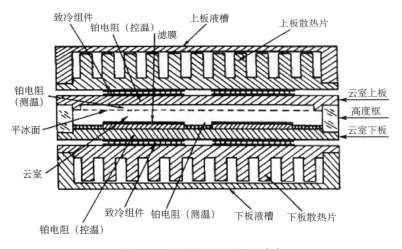

图 5.16 滤膜静力扩散云室[27]

扩散云室主体由两块可控温度的上下板及一个能使两板构成封闭的框架组成。上下两板水平平行放置。上板的内表面是平冰面,下板是用于放置滤膜的平面。通过相应电路的控制,在扩散达到平衡的条件下,比上板温度低一定值的下平面表层的空气对应一相对确定的冰面(或水面)过饱和度。如果在下平面上放置已取过气样的滤膜,其上的冰核将会在这个温度和过饱和水汽条件下活化并逐渐长大为可见的冰晶。通过改变上下板的温度进行系列测定,就可得到相应的温度谱和湿度谱,从而对冰核活化效率、冰晶增长规律等特性进行研究。

1971 年,朗格尔(G. Langer)[28]利用混合型云室(mixing chamber)进行冰核的测量。

同年,奥塔克(T. Ohtake)等[30]采用混合型云室法设计了云滴沉降云室。

1988 年,大卫·罗杰斯(D. C. Rogers)[31]阐述了连续流扩散云室(continuous flow diffu-sion chamber)的原理和优点。国际知名的冰核观测项目如 Winter Icing and Storms 计划、SUCCESS(Subsonic Aircraft:Contrail and Cloud Effect Special Study)计划等均采用此法。

1996 年,罗杰斯等[32]又提出利用模拟上升气流的慢膨胀云室(slow expansion cloud chamber to simulate realistic updrafts)进行冰核观测。

2006 年,美国与德国联合研发了快速冰核计数器 FINCH(Faxt Ice Nucleus Chamber)。该方法能够保证大于 3 μm 的粒子的传输效率,且由于采用新的光学探测器能有效区分过冷水与冰粒子,以获得冰核的浓度。

2010 年,霍尔格·克莱因(Holger Klein)等[33]对另一种方法静力真空水汽扩散云室 FRIDGE(Frankfurt Ice Nuclei Deposition Freezing Experiment)进行了介绍,该装置能对较大的冰核进行探测。

下表对上述云室及其产生时间做了汇总。

表 5.4　云室介绍

年份	1957	1963	1971		1988	1996	2010
云室	快速膨胀云室	滤膜扩散云室	混合型云室	云滴沉降云室	连续流扩散云室	慢膨胀云室	静力真空水汽扩散云室

5.3.3　基于冰核观测的研究

图 5.18 为基于新型静力真空水汽扩散云室(图 5.17)对黄山地区大气冰核浓度与活化温度的关系图,随着活化温度的升高,该地区冰核浓度呈指数形式降低。

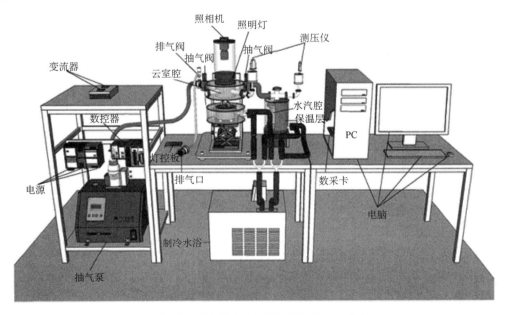

图 5.17　静力真空水汽扩散云室模型图[34]

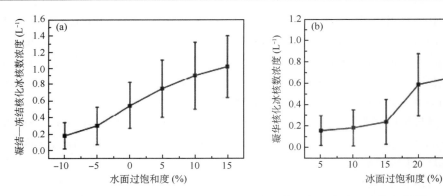

图 5.18　黄山山顶不同核化机制冰核数浓度活化随湿度的变化[34]

5.4　雨滴谱及雹谱的测量

5.4.1　雨滴谱和雹谱

降水是云微物理过程、云动力学过程以及云中热力过程等因素综合作用的结果。降水与人类的生产生活密切相关,因此对降水的研究一直是气象中的重要部分。基于雨滴谱和雹谱研究降水的微物理特征有利于解释降水和降雹的形成机制、分布特征等,并且对人工影响天气起指导作用[35]。通过对雨滴谱和雹谱的研究能更深入地认识降水的物理过程,对研究云与降水有重要的意义。

(1)雨滴谱

雨滴谱是指雨滴数密度随雨滴尺度的变化函数。它能反映雨滴的直径大小、组成分布、降落速度等特征,包含着丰富的降水信息。

图 5.19 就反映了常见的三种降水(层状云降水,积层混合云降水,积雨云降水)的雨滴数密度随雨滴直径的分布特征。通常层状云降水持续时间较长,强度较小;积雨云降水则持续时间短,强度大;积层混合云降水介于二者之间。而其滴谱变化也与之相符,三种类型降水在0.25～0.5 mm 直径范围的雨滴数密度差异明显;超过 0.5 mm 后对流云降水和层状云降水数密度差迅速增大;直径超过 2.5 mm 后,不存在层状云降水。

云物理研究指出,雨滴谱一般可以分为三种:指数型、单峰型和多峰型(包括双峰型),如图5.20 所示。

对雨滴谱分布特征的研究,目前可以采用将实测雨滴谱与拟合雨滴谱进行对比的方法。

1948 年,基于 M-P 分布式表示的降水粒子谱分布[37]被首次提出:

$$N_D = N_0 e^{-\lambda D} \tag{5.2}$$

其中 N_0 表示初始雨滴数量,D 表示雨滴直径,N_D 表示直径为 D 的雨滴数量,λ 表示尺度因子。

由于 M-P 分布未考虑雨滴的形变,1983 年基于引入形状因子 μ 的 Gamma 谱分布函数表示的雨滴谱[38]被提出,形式如下:

$$N_D = N_0 D^\mu e^{-\lambda D} \tag{5.3}$$

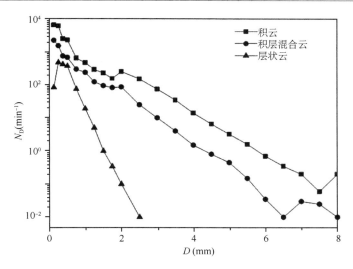

图 5.19　三种类型降水平均雨滴数密度分布[35]

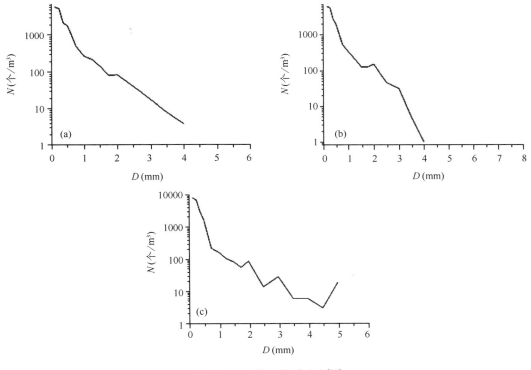

图 5.20　三类雨滴谱分布[36]

(a)指数型；(b)单峰型；(c)多峰型

　　图 5.21 给出了三类降水云平均雨滴谱的实测结果与 M-P 和 Gamma 拟合结果的对比。对于层状云(图 a)降水而言，M-P 和 Gamma 分布的拟合结果差异小。相较而言，Gamma 分布对大滴一段的代表性更好一些，M-P 和 Gamma 分布对平均谱拟合的均方根误差(RMSE)分别是 17 m^{-3}/mm 和 8 m^{-3}/mm，但如果不考虑 0.5 mm 以下的小滴，两者的 RMSE 相差甚微，还不到 0.01 m^{-3}/mm。对积层混合云(图 5.21b)和积雨云(图 5.21c)降水而言，两种分布对

中间区段的谱拟合差异很小,而在小滴段和大滴段的拟合差异较大,Gamma 分布对小滴段的拟合效果明显要比 M-P 分布好,但对于积雨云降水的大滴段谱拟合效果要比 M-P 分布差。

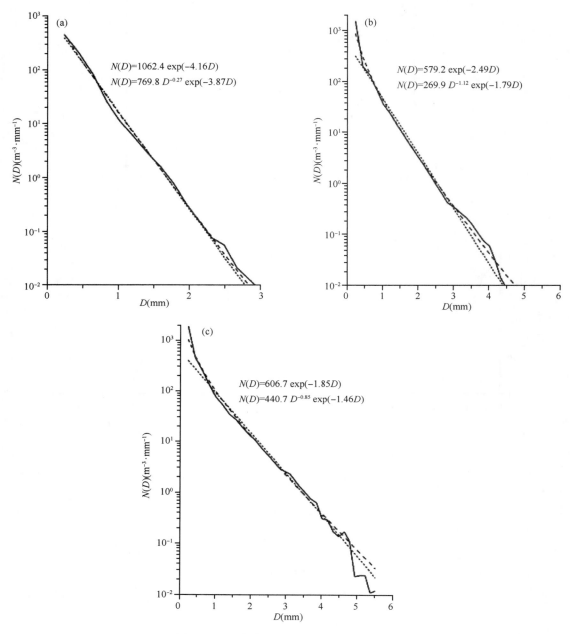

图 5.21　三类降水云雨滴谱分布及拟合谱

实线观测值,虚线 Gamma 拟合谱,点线 M-P 拟合谱[39]（a）层状云降水；（b）积层混合云降水；（c）积雨云降水

（2）雹谱

冰雹是一种由强对流系统引发的剧烈天气现象,它的出现对农业及交通有极大的影响,对其的研究是非常必要的。与雨滴谱的定义类似,雹谱是指冰雹浓度随冰雹尺度的变化,是描述冰雹直径与浓度之间关系的重要参数[40]。冰雹谱分布演变是雹云一系列复杂动力热力过程

和微物理过程相互作用的结果,地面冰雹谱观测表明,不同雹云过程以及雹云不同发展阶段、部位的雹谱具有不同的分布演变规律。因此,对于雹谱演变特征和分布规律的研究有助于加强对不同地域、不同雹云类型的冰雹粒子形成增长机理的认识[41]。

图 5.22 为在青海东部 2004 年 8 月 18 日获得的 73 个冰雹样品所绘制的雹谱。由雹谱知,冰雹尺度为 5~35 mm,谱宽超过 30 mm,谱型呈现双峰型,两个峰值分别出现在直径为 10 mm 和 30 mm 处。

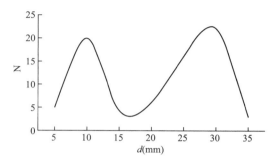

图 5.22　1980 年 7 月 28 日冰雹数密度随尺度分布曲线[42]

和雨滴谱相似,雹谱仍有几种典型形态,包括:单峰型、双峰型和多峰型(图 5.23)。通常单峰型较多;双峰型和多峰型较少,但在降雹中心区雹谱则更易出现双峰分布。牛生杰等在分析了 1987 到 1990 年的大量雹谱后,也对这三类典型形态做了说明,并且也指出单峰型明显多于双峰型[43]。

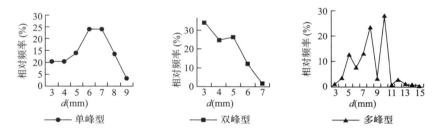

图 5.23　单峰型、双峰型、多峰型雹谱[44]

5.4.2　测量方法

(1)雨滴谱的测量方法

1)传统的雨滴谱测量方法

最初的雨滴谱测量方法是人工取样。这种传统的方法通过人工采集雨滴特征参数的数据,对雨滴的直径等特征进行统计分类。由于是人工测量,该工程不仅耗时而且易产生较大的误差。

经过长期的发展,至今有五种传统的测量雨滴直径和分布特征的方法:动力学方法、浸润法、面粉球法、照相法和滤纸色斑法(表 5.5)。

表 5.5　传统测量雨滴直径的方法及其原理

传统雨滴谱测量方法	测量原理
动力学方法	测量雨滴的下落动能来推算雨滴尺寸
浸润法	水油不相融原理
面粉球法	雨滴下落与面粉接触形成小球
照相法	图像技术
滤纸色斑法	雨滴在相同材料上形成的色斑大小与雨滴直径成正比

动力学方法是通过测量雨滴的下落动能来推算雨滴尺寸的。该方法有严格的使用限制，仅适用于谱带均一的降水测量，如今已很少采用。

浸润法是用盛有油料的容器置于雨中，由于水和油并不相融且油比水轻，雨滴落入后会形成球形水珠，对其进行测量以求取水珠直径。

面粉球法是用一盛有面粉的广口容器置于雨中，雨滴下落与面粉接触，每个雨滴都会形成一个小球，然后烘干称重以测出雨滴的粒径。

照相法是使用图像技术，用摄像机拍摄正在降落的雨滴的照片后再在显微镜下测量。该方法成本较高，仅适用于实验室模拟降水的情况。

早在 20 世纪中期，我国就采用滤纸色斑法对雨滴谱进行了测量[45]。该方法的原理是"雨滴在同一材料上形成的色斑大小与雨滴的直径成正比"，故通过将滤纸上涂上滑石粉后置于雨中适当时间进行采样，采样结束后进行统计。该方法虽然操作简便，但有许多缺陷。由于该方法只能测得雨滴的大小和数目，对于雨滴的下落速度，则需要通过订正曲线和标准大气下的雨滴下落速度来计算雨滴谱及特征参数，导致后期工作繁杂。尽管有以上缺点，该方法仍是传统方法中效果较好的，在如今的中国气象站仍有使用。

综上，传统的雨滴谱测量方法存在精度低、工作繁复等问题，测量效果并不好。

2）雨滴谱仪

如今，现代观测设备已经实现自动化测量，多是采用雨滴谱仪来对雨滴谱进行测量。目前主要有三种雨滴谱仪（表 5.6）。

表 5.6　三种雨滴谱仪参数对比

	测量原理	通道个数	测量范围
GPBP-100 型地面光阵雨滴谱仪	光电测量原理	62	0.2 mm
Disdrometer 声雨滴谱测雨仪	撞击原理	20	0.3～5 mm
Parsivel 激光降水粒子谱仪	激光散射原理	32	0.25～26 mm

GPBP-100 型地面光阵雨滴谱仪[46]：此仪器采用光电测量原理，光阵器有 64 个光电元件，分辨率为 0.2 mm，共 62 个通道，取样面积 12.88 mm×500 mm。粒子通过观测区会留下的阴影被光电二极管感应并测量。该方法由于取样面积过大，存在雨滴重叠等问题，有较大的误差。

Disdrometer 声雨滴谱测雨仪[47]：该仪器由乔斯（Joss）和瓦尔德威格尔（Waldvogel）于 1967 年设计，是撞击式雨滴谱仪。它根据碰撞原理即雨滴撞击传感器的垂直冲力来测量雨滴的直径。一般由传感器、处理器、分析器和计算机组成。它共有 20 个通道，每一通道对应一个雨滴大小范围,可测量直径范围在 0.3～5 mm 的雨滴。该仪器操作简便,结果准确,但是在强降水中测量小雨滴偏少。目前国外大型观测中,该仪器使用普遍。

由德国 OTT 公司生产,马丁(Martin L M)和于尔格·乔斯(Jurg Joss)研制的 Parsivel 激光降水粒子谱仪[48]:该仪器有 32 个粒径通道,可测的粒径范围为 0.25～26 mm;有 32 个速度通道,可测速度范围为 0.1～20 m/s。利用激光散射原理,对雨滴谱进行测量。如图 5.24(a)所示,圆形代表下落的雨滴,光源和光电二极管间被水平平行激光束照射的区间为有效采样区域。光电二极管感应雨滴穿越过程的激光信号强弱变化,并以电压形式输出。

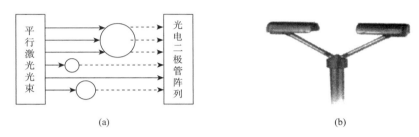

图 5.24　Parsivel 激光降水粒子谱仪原理图(a)和室外传感器(b)[49]

德国 THIES 公司的 LNM 激光雨滴谱仪:该仪器每分钟记录 1 次数据,有 22 个粒径通道,可测雨滴直径范围为 0.125～8 mm;20 个速度通道,可测速度范围为 0.2～10 m/s。其测量原理与 Parsivel 激光粒子谱仪基本一样,也是由激光发射源发射激光,接收端再将接收到的光束强度转换为电信号。当粒子穿过激光束时,接收端的光束强度会减小,通过计算这一减小幅度和时间来得到雨滴直径和雨滴下落速度[50]。

(2)雹谱的测量方法

雹谱的测量方法较为单一,多数是采用测雹板[51]用撞击法来取样进行测量。首先,是在泡沫塑料上覆盖铝箔,再将测雹板放置在三脚架上以收集冰雹,以铝箔上充满清晰可辨的冰雹痕迹为原则。此过程中,由于降雹过程冰雹密度差异较大,取样时间有差异,一般为几分钟到十几分钟。然后,由铝箔上读取冰雹痕迹大小,直径间隔 2 mm,查检定曲线得出冰雹的实际直径,分档统计个数以制成雹谱(图 5.25)。检定曲线是根据某一尺度的冰雹与同体积钢球落地动能相等的原理,采用不同直径的钢球模拟相应直径的落地冰雹,建立不同钢球直径与其在测雹板上的降落痕迹之间的关系制作而成的[52]。

图 5.25　雹谱测量流程图

5.4.3　基于雨滴谱和雹谱的研究

(1)雨滴谱

目前最常用的雨滴谱仪是德国 OTT 公司生产的 Parsivel 激光降水粒子谱仪,该仪器是以激光为基础的新一代高级光学粒子测量器及气象传感器。

图 5.26 为用 Parsivel 激光降水粒子谱仪测得的实测值分别与基于 Gamma 分布对层状云降水,积层混合云降水和积雨云降水拟合的雨滴谱的比较。可以看到,三类降水的拟合谱与实际谱分布都很接近,其相对误差的平均绝对值分别为:层状云为 7.17%,积层混合云为 12.70%,积雨云为 17.24%。

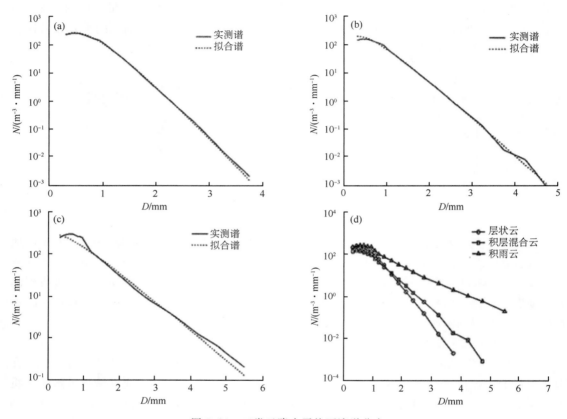

图 5.26 三类云降水平均雨滴谱分布

实线为实际谱,虚线为 Gamma 拟合分布[53] (a)层状云降水;(b)积层混合云降水;(c)积雨云降水;(d)三类降水云的对比

(2)雹谱

雹谱的测量较为简单,基本为人工测量。

图 5.27 和图 5.28 分别为青海在 1979 年 7 月 20 日 13 时(个例一)和 8 月 5 日 21 时(个例二))人工获得的两次多单体降雹个例中各阶段的实测雹谱特征。图 5.28 显示个例二的冰雹雹谱较窄,冰雹云发展相对个例一较旺盛,冰雹个数也比个例一多。

图 5.27 显示,降雹个例一中,冰雹粒子直径和冰雹个数随着雹云发展不断增加,雹谱相对较宽,降雹过程中大小尺度粒子共存。

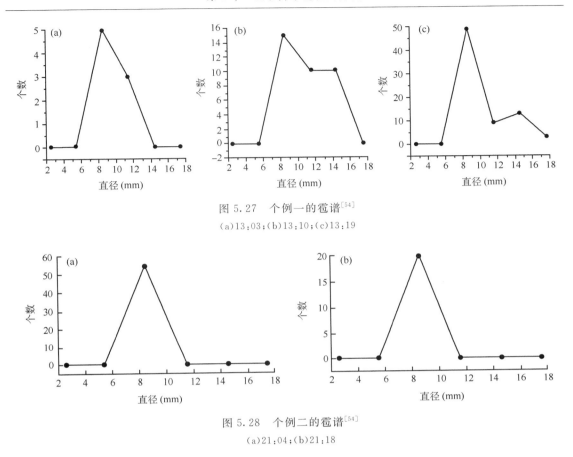

图 5.27　个例一的雹谱[54]

(a)13:03；(b)13:10；(c)13:19

图 5.28　个例二的雹谱[54]

(a)21:04；(b)21:18

5.5　降水过程的探测

降水过程的探测手段可以大致分为天基、空基和地基探测（表 5.7）。当然除了对云和降水过程本身的探测外，对水汽含量和雷电的探测是会加深对降水过程产生、发展机制的理解。

表 5.7　降水过程探测方式

探测手段分类	主要方式	探测内容
天基	卫星监测	对降水、云微物理参数的反演
空基	机载监测（机载云粒子测量系统、机载云含水量和云凝结核的测量）	对云微物理参数的探测
地基	雷达（常规天气雷达、多普勒雷达、偏振雷达） 雨量计 微波辐射计和 GPS 水汽	对降水量的估测、对降水过程的连续探测、对云微物理参数的反演（偏振雷达） 对降水量、降水强度的探测 对水汽含量的探测

5.5.1 卫星监测

云体特征及演变,甚至是云体的位置是影响降水的重要因素。要做到对云的有效观测,气象卫星是一种合适的工具。

气象卫星根据轨道的不同可分为两类,一类是极轨气象卫星,另一类是静止卫星(表5.8)。宏观上,极轨卫星可以较清晰地捕捉扫描区域的云的瞬时变化,而静止卫星可以获取某一地区云的连续变化。微观上,可以利用气象卫星丰富的通道所获取的资料来反演云的微物理特征参数,如云顶高度、过冷层厚度等。此外,气象卫星可以搭载专门的测云和测雨雷达,对降水过程进行更多的探测。

表 5.8　气象卫星分类

卫星	特点	代表卫星
静止卫星	在赤道上空约 35 790 km 高的圆轨道上,是相对地球静止的,只能探测固定地点	FY-2C 卫星 MTSAT 卫星
极轨卫星	离地面 720 km 至 800 km,轨道通过地球的南北极,而且它们的轨道是与太阳同步的	AQUA 和 TERRA 卫星 NOAA 卫星 TRMM 卫星 cloudsat 卫星

(1)静止卫星

目前使用较多的静止卫星包括中国的风云 2 号系列和日本的 MTSAT。其中,中国的风云 2 号卫星用于对地观测,可每小时获取一次可见光、红外和水汽云图。两种静止卫星的通道设置如表 5.9 所示:

表 5.9　静止卫星通道设置

通道	中国 FY-2C 卫星	日本 MTSAT 卫星
通道 1	$0.55 \sim 0.90\ \mu m$	$0.55 \sim 0.80\ \mu m$
通道 2	$10.3 \sim 11.3\ \mu m$	$10.3 \sim 11.3\ \mu m$
通道 3	$11.5 \sim 12.5\ \mu m$	$11.5 \sim 12.5\ \mu m$
通道 4	$6.3 \sim 7.6\ \mu m$	$6.5 \sim 7.0\ \mu m$
通道 5	$3.5 \sim 4.0\ \mu m$	$3.5 \sim 4.0\ \mu m$

由于降水量与云的发展阶段关系密切,根据静止卫星的一系列云图对降水强度进行反演,精度更高。

(2)极轨卫星

极轨卫星主要有中国风云 1 号卫星,用于对海洋的水色、海温的监测;风云 3 号卫星,用于对雾、积雪等的观测;美国的 AQUA 和 TERRA 卫星(搭载 MODIS 传感器)、NOAA;搭载特殊气象仪器的 TRMM、cloudsat 卫星等。

表 5.10 对 NOAA 和 AQUA 和 TERRA 卫星所搭载的搭载 MODIS 传感器的通道设置进行了对比。

表 5.10　**NOAA 和 MODIS 通道设置**

NOAA	MODIS
通道 1：0.58～0.68 μm	通道 1：0.62～0.67 μm
通道 2：0.725～1.0 μm	通道 2：0.84～0.87 μm
通道 3 A：1.58～3.93 μm	通道 5：1.23～1.65 μm
通道 3B：3.55～3.93 μm	通道 6：1.62～1.65 μm
通道 4：10.3～11.3 μm	通道 20：3.66～3.84 μm
通道 5：11.5～12.5 μm	通道 31：10.7～11.2 μm

极轨卫星由于其不连续性,对降水的反演多是求取日平均降水量、甚至月平均降水量。

前面已经介绍了气象卫星有较丰富的通道设置,而这些通道可以用于云的物理特性的监测。例如,卫星的近红外和中红外通道可用于云粒子的形态和尺度分析,可见光通道可用于对云光学厚度的分析。

早在 1990 年前后,国外就有科学家基于卫星数据(NOAA-AVHRR 等)进行云物理特征参数的反演[55],包括云的光学厚度[56,57]、云粒子有效半径[57]和云顶温度等参数。

我国在 21 世纪也开展了大量的基于卫星反演云微物理参数的研究,包括云粒子有效半径[58,59]、云光学厚度和云顶温度[60]。例如:图 5.29 显示了基于 FY-2C 和 MODIS 两种卫星资料反演云粒子有效半径的效果对比:FY-2C 和 MODIS 两种卫星资料所反演的云粒子有效半径的分布具有较好的时空一致性。

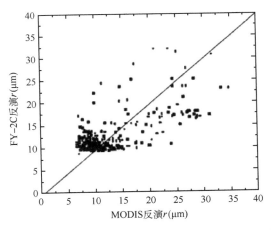

图 5.29　FY2C 与 MODIS 反演的有效半径的比较[59]

(3)基于卫星对降水的估测

由于云的反照率由云的厚度和相态所决定,一般而言,云越厚或云顶有冰晶,反照率就越大。而红外辐射观测到的云顶温度越低,则云顶高度越高,对流发展相对旺盛,则降水概率越大。因此可以利用卫星观测的降水云的反照率和云顶温度信息间接地估算降水强度。比较著名的方法有云指数法和云生命史法。

云指数法是利用卫星估计降水的最早的一种方法,这一方法先是从云团上识别云的类型,然后对每一类云给予一降水强度,可用于日降水量的估计等。

如果取午后的极轨卫星云图,且只对三类云作估计,则在估计区的 24 小时降水量(R_{24})是:

$$R_{24} = K_1 C_1 + K_2 C_2 + K_3 C_3 \qquad (5.4)$$

其中 R_{24} 是该区域 24 小时降水量,单位 mm。C_1,C_2,C_3 是三种云在估计区所占面积的百分比。K_1,K_2,K_3 是经验降水系数,表示三种云在估计区的日平均降水量。简单来说,若第 i 类云的降水强度为 I_i,其出现降水的概率为 P_i,则有:

$$K_i = P_i \times I_i \qquad (5.5)$$

根据该方法估测的 24 小时降水量与实测值的对比结果如图 5.30 所示,其估算值比实际值普遍偏大。

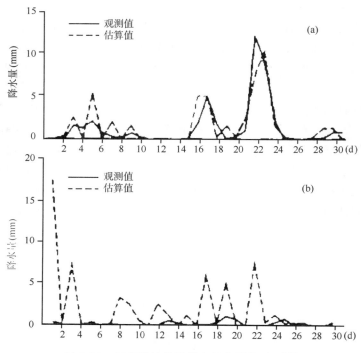

图 5.30 云指数法估计降水与实测值对比[61]

云生命史法则是基于静止卫星的一系列云图进行降水强度的反演的。比较普遍的是通过云的高度(亮度)面积来估计降水强度。

$$P = \int_T \int_A R \, \mathrm{d}a \mathrm{d}t = R_c \int_T \int_A \mathrm{d}a \mathrm{d}t \qquad (5.6)$$

其中 P 为累计面积体积的降水量,R 是局地降水强度,$\mathrm{d}a \mathrm{d}t$ 分别是微分面积元和时间元,R_c 是平均降水强度,所取积分是对于时间 T 期间整个面积 A 的双重积分,就是面积—时间积分。

5.5.2 机载监测

利用先进的航空器和专门仪器设备组成的机载大气及云与降水物理观测系统,其最大的优势是可以实现穿云观测,因此是实现云降水观测的重要技术装备和有效途径之一。利用先进的云物理飞机携带的各种气象探测仪器,可以实现气溶胶、冰核、云核、云含水量等的探测。我国于 1957 年开始开展飞机穿云实验,先后改装过 IL-12、IL-14、An-2、Twin Otter 等机型用于探测作业。目前我国已经可利用的机载探测仪器有:机载云粒子测量系统、云含水量仪、机载测温测湿仪、机载冰核计数器和机载云凝结核仪等。

（1）机载云粒子测量系统

20 世纪 70 年代末,美国的罗伯特·诺伦伯格(Robert Knollenberg)创立的粒子测量系统公司(Particle Measuring System Inc),即 PMS 公司,先后研制出 FSSP-100 云滴谱探头(Forward Scattering Probe)、二维光阵探头 OAD-2 D-C(Optical Array Probe-2 Dimension-Cloud)和 OAP-2 D-P(Optical Array Probe-2 Dimension-Precipitation)、ASASP 气溶胶探头(Active Scattering Aerosol Spectrometer Probe)等云粒子测量仪器(表 5.11)。

表 5.11　机载云粒子探测仪器

机载云粒子探测仪器	测量原理	测量内容	测量对象尺度
FSSP-100 云滴谱探头	米散射法	云滴尺寸及浓度	$0.5 \sim 47\ \mu m$
OAP-2 D-C 二维光阵探头	光电成像原理	云滴和冰晶粒子的尺度和浓度	$25 \sim 800\ \mu m$
OAP-2 D-P 二维光阵探头	光电成像原理	降水粒子的尺度和浓度	$200 \sim 6400\ \mu m$
ASASP 气溶胶探头	光电原理	气溶胶粒子数密度	$0.1 \sim 3\ \mu m$

FSSP-100 以 He-Ne 激光器为光源,以米散射法来测量云滴,可以获得 $0.5 \sim 47\ \mu m$ 云滴的大小和浓度分布

OAP-2 D-C 和 OAP-2 D-P 将平行的 He-Ne 激光束投射到光电元件阵列上,当有粒子穿过时,其阴影会扫过光阵,通过光电元件就可以得到粒子的二维投影。OAP-2 D-C 可测直径 $25 \sim 800\ \mu m$ 的云滴和冰晶粒子的尺度和浓度;而 OAP-2 D-P 则可测直径为 $200 \sim 6400\ \mu m$ 的降水粒子的尺度和浓度。

ASASP 气溶胶探头的测量原理为:气溶胶粒子流中每个粒子独自受光照射产生的散射脉冲到达光电检测器转换为电信号即可测得大气中直径为 $0.1 \sim 3\ \mu m$ 的气溶胶粒子数密度。

国内目前也有许多利用机载 PMS 资料来研究云和降水过程。图 5.31 为探测云内不同高度粒子的 GA2 二维图像。由图可知,从云底到 -3℃ 左右,云中以液态云雨粒子为主。但从 0℃ 层(4800 m)开始,出现了少量柱状和针状冰雪晶粒子,直到 5400 m 高度,云中基本为冰相粒子。

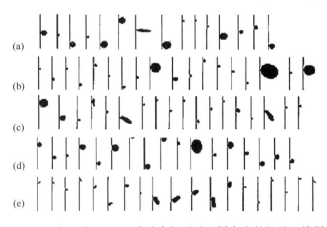

图 5.31　2004 年 8 月 12 日上升垂直探测时不同高度的粒子二维图像[62]

(a)大云滴,雨滴,高度 1900 m,14.8℃;(b)大云滴、雨滴,高度 4000 m,5.2℃;(c)大云滴、雨滴和少量柱状冰晶,高度 4800 m,0℃;(d)过冷大云滴、雨滴,高度 5000 m,-1.27℃;(e)柱状和针状冰雪晶,高度 5400 m,-3.1℃

（2）机载云含水量测量

云中液态水、固态水的含量和分布问题对云产生降水有极大的影响，而对此的研究目前基本只能基于机载仪器进行测量。在早期，受技术所限只能采用手动含水量仪记性测量。随着科技的发展，机载微波辐射计被广泛应用于相应研究中。

如下图 5.32，将机载微波辐射计测得的含水量垂直廓线与基于 PMS 所测得的云粒子浓度所计算出的含水量垂直廓线相对比，二者垂直分布趋势有较好的一致性。

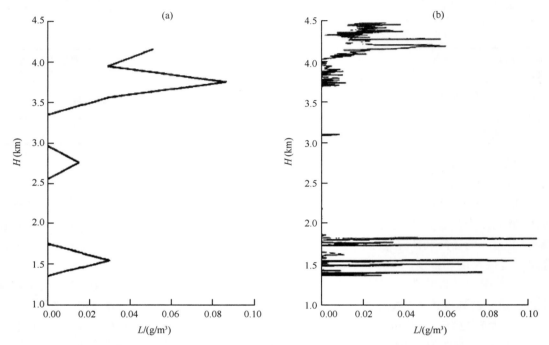

图 5.32　机载微波辐射计与机载粒子测量系统测得的云含水量廓线对比

（a）机载微波辐射计；（b）机载粒子测量系统[63]

（3）机载云凝结核的测量

和冰核的测量类似，要实现云中云凝结核的测量，需要采用机载云凝结核计数器。美国 DMT（Droplet Measurement Technologies）公司研制的云凝结核仪（DMT CCN）就可装载在飞机上使用。目前，该仪器已被引入国内。该仪器的参数如表 5.12 所列。

表 5.12　DMT CCN 计数器主要参数

过饱和度范围	云室总气流率	采样频率	测量粒子范围
0.1%～2.0%	500 cm³/min	1 Hz	0.75～10 μm

图 5.33 显示飞机穿云三个阶段 CCN 谱的分布变化：云外时 CCN 谱分布呈明显的多峰结构，谱型较宽，CCN 数浓度较高；初入云阶段 CCN 谱分布呈双峰分布，谱型较宽，0.75～6 μm 段的 CCN 数浓度明显小于云外，说明入云后，部分 CCN 活化成云滴；云的发展阶段活化后的较大的 CCN 粒子进一步增长为云滴，导致数浓度减小，谱变窄，呈多峰分布。

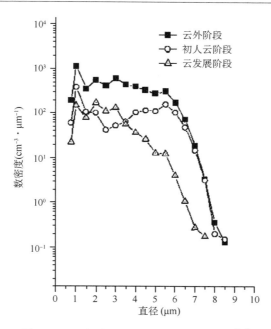

图 5.33　飞机穿云过程中 CCN 的谱分布[64]

5.5.3　雷达探测

雷达是第二次世界大战开始兴起的一门新兴学科,其含义就是用无线电探测目标物的位置和特征。

在 1950 年前后,一些国家便开始建立天气雷达探测网站,以对强对流灾害性天气进行预警和分析。1960 年代和 1970 年代,随着计算机技术和半导体技术的发展,天气雷达开始引入这些新兴技术,呈现信息化、自动化的特征。1980 年代,开始研制多普勒天气雷达,最具代表性的是美国 WSR-88 D 型雷达。

我国开展的研究相对较晚。在 1960 年左右,开始研发 711 型 X 波段测雨雷达;随后又相继完成 713 型 C 波段雷达和 714 型 S 波段雷达。此外,还对美国的 WSR-88 D 进行改进得到我国的 S 波段全相干脉冲多普勒雷达(表 5.13)。

表 5.13　国内外气象雷达发展历程

年代	国外	国内
20 世纪 50 年代	开始建立天气雷达测站网。	无
20 世纪 60 年代	引入计算机和半导体技术,实现信息数字化、控制自动化。	研发 711 型 X 波段测雨雷达。
20 世纪 70 年代		研发 713 型 C 波段天气雷达。
20 世纪 80 年代	研发全相干脉冲多普勒雷达(WSR-88 D)。	研发 714 型 S 波段天气雷达。
20 世纪 90 年代	美国实现 WSR-88 D 雷达的业务布网。	实现对 WSR-88 D 雷达的引入与改进。

气象雷达有多种分类方法,按照无线电波长可主要分为 X 波段(3 cm)、C 波段(5 cm)和 S 波段(10 cm)的雷达;按照工作原理可分为常规天气雷达、多普勒雷达、偏振雷达等;按照用途可分为测风雷达、测雨雷达、测云雷达、风廓线雷达等。当然,还有一些特殊的雷达,如声脉冲

雷达、激光雷达等特种气象雷达（表 5.14）。

表 5.14 雷达测雨的特点对比

	特点	测量降水公式	公式特点
常规天气雷达	实现对气象目标位置和强度的探测	$Z = 200R^{1.6}$	传统的 Z-R 关系
多普勒雷达	实现对气象目标移动速度的探测	$Z = 300R^{1.4}$	传统的 Z-R 关系
双偏振雷达	实现对气象目标多参数的探测，反演降水精度更高	$R(Z_H, Z_{DR}) = c_1 Z_H^a Z_{DR}^b$ $R(Z_{DR}, K_{DP}) = c_2 Z_{DR}^a K_{DP}^b$ $R(K_{DP}) = c_3 K_{DP}^a$	基于多参数对降水强度的反演

（1）常规天气雷达

常规天气雷达可间歇性地向空中发射电磁波，电磁波在传播路径上遇到目标物会被其散射，后向散射会返回雷达，根据这种回波信号就可以实现对气象目标位置和强度的探测。该雷达在 20 世纪 80 年代较常用，目前国内已经全面启用多普勒雷达和偏振雷达。

雷达反射因子（Z）与降水强度（R）之间存在如下关系（式（5.7）），这也是目前雷达定量测量降水的基础，称作 Z-R 关系。

$$Z = aR^b \tag{5.7}$$

其中 a 和 b 是降水系数。要定量估测 R，需要已知滴谱分布。然而实际的雨滴谱分布由于降水类型的不同有很大的差异。经过大量的降水观测，针对不同降水类型的 Z-R 经验关系得以建立，如图 5.34。

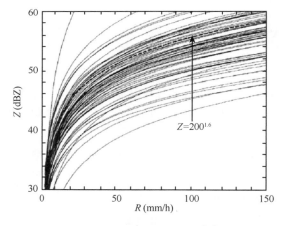

图 5.34 Z-R 关系示意图[65]

最常用的典型关系是基于层状云降水的 M-R 分布建立的 Z-R 关系（图 5.31）：

$$Z = 200R^{1.6} \tag{5.8}$$

当然，常规的天气雷达也可以对降水过程进行观测。图 5.35 就是气象雷达观测到的中尺度降水的回波特征图。其中，左边是水平雷达回波图，右边是垂直雷达回波图，整个降水过程大致分为四个阶段：a）形成阶段；b）增强阶段；c）成熟阶段；d）消散阶段。左图最强反射率处与右图最强反射率处于同一高度，左图较弱反射率为右图最强反射率四周的较弱反射率。

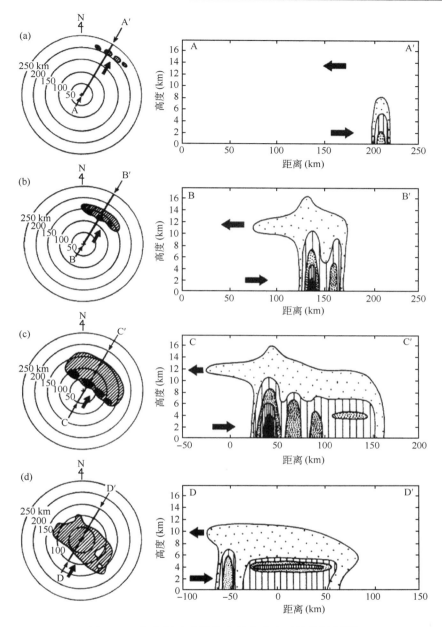

图 5.35 气象雷达观测的中尺度降水回波特征图[66]

（2）多普勒天气雷达

多普勒效应是指当波源与接收器之间有相对运动时，接收器接收到的波的频率会发生改变。多普勒天气雷达除了对雨区的分布情况、降水强度探测外，最重要的一点就是基于这一原理来测定降水粒子的径向速度。探测降水粒子的径向速度对推测雨区的风向风速有极大的帮助，对降水过程的探测有重要意义。

常用的多普勒雷达扫描方式有以固定仰角做平面扫描（PPI）、固定方位角做垂直剖面扫描（RHI）和从低仰角到高仰角的逐层体积扫描（VPPI）。

多普勒雷达也可以通过 Z-R 关系定量测量降水。目前，美国的 WSR-88 D 多普勒雷达和国内的一些多普勒雷达采用的 Z-R 关系是：

$$Z = 300R^{1.4} \tag{5.9}$$

目前，WSR-88 D 雷达提供 5 种降水产品：OHP（一小时累积降水）、THP（三小时累积降水）、STP（风暴总降水）、USP（用户设置降水）、DPA（一小时降水数字矩阵）。

当然由于多普勒雷达可以测量径向速度，其应用也相应较广。既可以基于回波强度（Z）的强弱和波形识别降水的强弱和云的结构。如 PPI 上出现 V 型缺口或者 RHI 上出现穹窿回波，就可以认为回波很强，甚至判断为冰雹云。还可以基于径向速度（V）的负值朝向雷达，正值离开雷达，来判断辐合辐散[67]。这些都对云结构演变、降水过程的探测有极大的帮助。

（3）双偏振雷达

双偏振雷达一般采用双发射机双接收机（双发双收）或单发射机双接收机（单发双收）的配置模式，能够同时发射或交替发射水平和垂直两种极化方式的回波。由于这种收发方式可以得到比常规天气雷达和多普勒雷达更多的探测量（图 5.36），因此在定量降水估计、云降水微物理研究等方面有着极大优势。

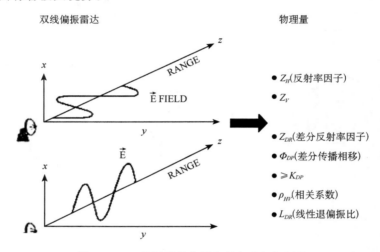

图 5.36　双偏振雷达信号发射方式与探测量

首先，利用双偏振雷达的多参数对降水强度的反演相比传统的 Z-R 法（Z_H-R 法）对降水强度的反演精度更高。因此，双偏振雷达相较于常规气象雷达和多普勒雷达在降水估测上有较大优势。其具体的估测降水的算法如下：

a）Z_H、Z_{DR} 法

$$R(Z_H, Z_{DR}) = c_1 Z_H^{a_1} Z_{DR}^{b_1} \tag{5.10}$$

b）Z_{DR}、K_{DP} 法

$$R(Z_{DR}, K_{DP}) = c_2 Z_{DR}^{a_2} K_{DP}^{b_2} \tag{5.11}$$

c）K_{DP} 法

$$R(K_{DP}) = c_3 K_{DP}^{a_3} \tag{5.12}$$

其中 $R(Z_H, Z_{DR})$，$R(Z_{DR}, K_{DP})$ 和 $R(K_{DP})$ 分别代表利用 Z_H，Z_{DR}，Z_{DR}，K_{DP} 和 K_{DP} 反演降水强度的方法。其中的 a_i，b_i，c_i 可以基于统计学，根据线性回归得出的。图 5.37 可以看出 Z_{DR}、K_{DP} 法估测降水最优。

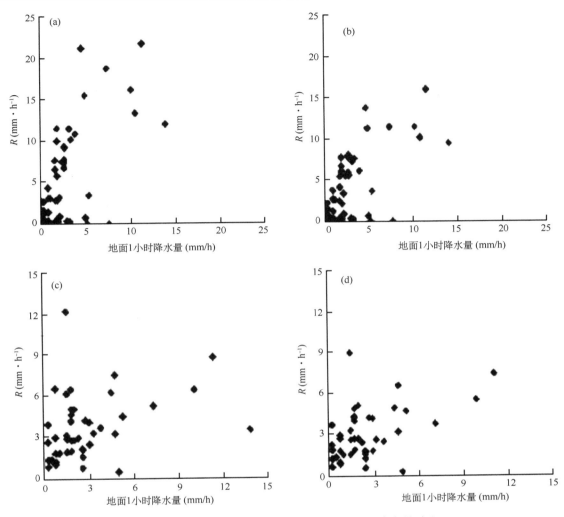

图 5.37　四种估测降水方法结果与地面 1 小时降水量对比

(a)K_{DP} 法；(b)Z_H、Z_{DR} 法；(c)$Z_H - R$ 法；(4)Z_{DR}、K_{DP} 法[68]

　　再次，可利用其不同相态的粒子在不同雷达偏振量上的特征表现，建立基于模糊逻辑的识别算法建立云内水成物粒子和降水粒子的分类方法，以对云和降水过程进行深入研究[69,70]。图 5.38 给出了不同相态粒子的 Z_{DR} 值随粒子尺度的变化情况。

　　此外，还可利用双偏振雷达进行雨滴谱的反演[72]，方法主要是利用修正的 Gamma 分布模型，在雨滴谱仪观测的基础上，假定雨滴谱分布满足 Gamma 分布。这种分布由形状参数 μ 和倾斜参数 Λ 确定，利用双偏振雷达探测量 Z_H 和 Z_{DR} 与它们的经验关系，就可以确定分布的具体形式[73]。

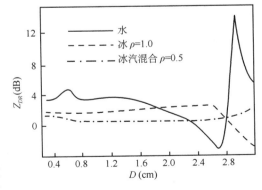

图 5.38　不同相态粒子 Z_{DR} 随直径的变化[71]

图 5.39是 X 波段双偏振雷达观测资料衰减订正后，进行雨滴谱的拟合，并与实测雨滴谱的对

比结果。结果显示：建立的 X 波段双偏振雷达反演雨滴谱方法能够较好地反演雨滴谱，并且经过衰减订正后的雷达反演雨滴谱在浓度、尺度和谱形都优于订正前的结果。

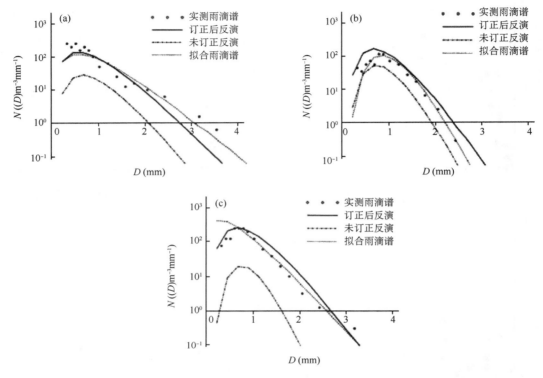

图 5.39　实测雨滴谱与雷达反演雨滴谱特征对比
(a)浓度；(b)尺度；(c)形状[74]

5.5.4　雨量计

对降水的观测最重要的一环是对降水量的测量和单位时间降水量即降水强度的测量。而最传统的降水量观测方法就是雨量计。主要仪器有雨量器、虹吸式雨量计、翻斗式雨量计（表 5.15）。

这里详细介绍较常用的双翻斗式雨量器。双翻斗感应器由承水器（直径为 20 cm）、上翻斗、汇集漏斗、计量翻斗、计数翻斗、干簧管等组成。承水器收集的降水通过漏斗进入上翻斗，当雨水积到一定量时，由于水本身重力作用使上翻斗翻转，水进入汇集漏斗；降水从汇集漏斗的节流管注入计量翻斗时，就把不同强度的自然降水，调节为比较均匀的降水强度，以减少由于降水强度不同所造成的测量误差；当计量翻斗承受的降水量为 0.1 mm 时（也有的计量翻斗为 0.5 mm 或 1 mm），计量翻斗把降水倾倒到计数翻斗中，使计数翻斗翻转一次。如此反复计数。

表 5.15　雨量计对比

	构造	测量原理	优缺点
雨量器	雨量筒(承水器、储水桶、储水瓶)和量杯。	雨量筒收集降水,量杯刻度大小表示降水量。	构造简单,可用于固态降水的测量。但存在较大误差。
虹吸式雨量计	承水器、漏斗、自记钟、自记笔、自记纸、浮子、虹吸管、浮子室、盛水器。	雨水通过承水器和漏斗进入浮子室,浮子和笔杆随着水面上升。下雨时随着浮子室内水集聚的快慢,自记笔在自记纸上记相应的曲线以表示降水量。	能连续测量降水量的自记装置。但只用于液态降水。
翻斗式雨量计	感应器(单翻斗和双翻斗)、记录器(计数器、记录笔、自记钟、控制线路板)等有线遥测降水仪器。	承水器收集的降水通过漏斗进入翻斗,当雨水积到一定量时,由于水本身重力作用使翻斗翻转。记录翻转次数则可测量降水。	是自动测量降水,精度较高。但易受外界干扰。

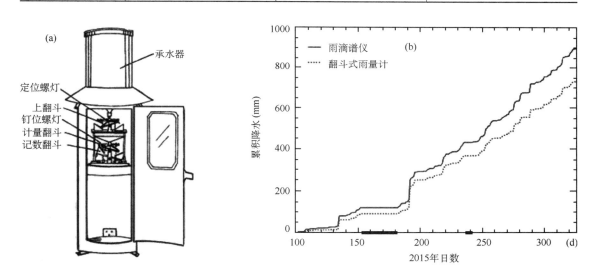

图 5.40　双翻斗式雨量器(a)和 2015 年 4 月 9 日到 11 月 22 日翻斗式雨量计与雨滴谱仪测得的累计降水量对比图(b)[75]

由图 5.40b 可见,翻斗式雨量计测得的最终累计降水量达到 735 mm,只相当于雨滴谱仪测得的降水量 901 mm 的 81%。但是二者具有较好的一致性。

5.5.5　水汽探测

水汽虽然在大气中所占的比例最多不超过 4%,但是水汽在各种云降水物理过程中起着至关重要的作用,可以说水汽充足是降水的基本条件。

（1）地基 GPS

利用地基 GPS 方法遥感大气水汽总量,其时间间隔小于 1 小时,水汽总量的反演精度稳定优于 2 mm。

地基 GPS 水汽的计算原理如下：将测站天顶方向气柱内所有水汽折算为液态水时的水柱高度。通常，根据式（5.13）求取柱积分水汽总量，简称水汽总量（Precipitable Water vapor，PW），单位为 mm。具体来说，是将测站天顶方向气柱内所有水汽折算为液态水时的水柱高度。

$$PW = \frac{1}{\rho_l} IWV = \frac{1}{\rho_l} \int_0^\infty \rho_v \, dz \tag{5.13}$$

其中，IWV 为单位气柱内水汽量，ρ_l 为液态水密度，单位 g/cm³；ρ_v 为水汽密度，单位 kg/cm³；dz 为相邻两个气层的高度差，单位 m。

图 5.41 和图 5.42 基于 2004 年北京房山地基 GPS 探测网逐 30 min 柱积分水汽总量资料对北京 2004 年 7 月 10 日暴雨过程进行了研究。从图 5.41 和图 5.42 不难看出，每小时降水量高值与 GPS 水汽总量峰值对应较好；降水降低了大气中的水汽含量，这主要是由于降水后大气中的水汽已转变为液态水。

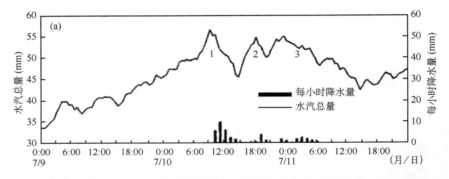

图 5.41　2004 年 7 月 9—11 日房山雨量站每小时降水量和窑上 GPS 水汽总量的时间变化[76]

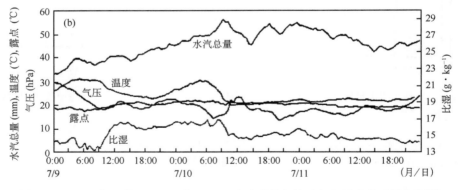

图 5.42　2004 年 7 月 9—11 日窑上 GPS 水汽总量与该地气象要素的时间变化[76]

GPS 水汽探测对降水过程中降水量的观测起到很好的补充作用，并且可以将其与其他气象要素进行综合分析，对于研究降水的机制有一定的帮助。

（2）地基微波辐射计

由于大气中在微波波段起主要吸收作用的气体只有氧气和水汽，因此地基微波辐射计可以通过接受大气微波辐射信号来测量大气水汽总量。使用双通道算法，可以得到与仪器方向垂直的水汽总量（PW）：

$$PW = c_0 + c_1 \ln[(T_{mr} - T_{b0})/(T_{mr} - T_{b23.8})] + c_2 \ln[(T_{mr} - T_{b0})/(T_{mr} - T_{b30.0})] \quad (5.14)$$

其中 c_0、c_1、c_2 为常数；T_{b0} 是宇宙背景的亮温，为 2.7 K；T_{mr} 是与当地季节的大气平均亮温有关的值，$T_{b23.8}$ 是地基微波辐射计在 23.8 GHz 测量得到的亮温值；同理 $T_{b30.0}$ 是地基微波辐射计在 30.0 GHz 测量得到的亮温值。

5.5.6 雷电监测

局地强对流性天气常常伴有雷电的发生，这种天气被称为雷暴。雷电是一种发生在空气中电击穿现象，是强对流天气观测的基本气象要素之一。它与大风、冰雹、强降水有密切关系，使其成为云降水物理研究的重要部分，对其的监测是研究伴有雷电的强降水过程密不可分的一部分。

对雷电的监测主要是确定雷电放电参数和方位，主要可分为地基监测和天基监测。其中地基监测主要有甚低频和甚高频两种探测方法，如表 5.16 所示。

表 5.16 地基监测介绍

	方法	简介
甚低频定位技术	磁向法（MDF）、时差法（TOA）、磁向和时间差联合法（IMPACT）	主要用于地闪定位；MDF 法存在测距误差、TOA 法对测时精度要求高，IMPACT 法是多站测量。
甚高频定位技术	窄带干涉仪定位法（ITF）和时差法（TOA）	主要用于云闪定位；其中甚高频 TOA 法可与甚低频 TOA 法联合使用实现云地闪综合探测。

天基监测则主要是卫星搭载闪电探测器，对全球进行监测。其代表是 NASA 发展的光学瞬态探测器（OTD）和闪电成像传感器（LIS，Lightning Image Sensor）（表 5.17）。

表 5.17 OTD 与 LIS 特性对比

	OTD	LIS
搭载卫星：	微实验室卫星（MicroLab-1）	TRMM 卫星
运行时间：	1995.04.03—2000.03	1997.11.28—至今
轨道倾角：	70°	35°
高度：	740 km	350 km，402.5 km（升轨后）
视野：	1300 * 1300 km	580 * 580 km，667 * 667 km（升轨后）
空间分辨率：	8 km	4 km
对固定点的最长探测时间：	270 s	80 s 90 s（升轨后）

闪电资料是对降水过程，特别是强对流性降水观测的有利补充。研究表明，地闪与对流性降水有很好的相关性（图 5.43）。因此，可以基于闪电资料的时空分布来进行对流降水量和降水分布的估测[77]。

$$R(t,x) = C \sum_{i=1}^{N_t} Z f(t, T_i) g(x, X_i) \quad (5.15)$$

其中，$R(t,x)$ 为在时间 t，方位 x 处的降水量；C 为单位转换因子；N_t 为直到 $t+\Delta t$ 时的闪电次数；Z 为该次雷暴过程的降水—闪电比；T_i 为第 i 次闪电的时间；X_i 为第 i 次闪电的空间位置。$f(t, T_i)$ 代表从第 i 次闪电时间到时间 t 间的降水时间分布；$g(x, X_i)$ 代表第 i 次闪电的位置到方位 x 处间的降水变化。

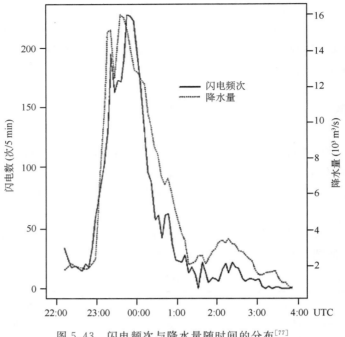

图 5.43 闪电频次与降水量随时间的分布[77]

5.6 小结

本章对气溶胶粒子、云凝结核、冰核、雨滴谱、雹谱和降水过程的探测仪器、方法和应用实例进行了较为详细的介绍。

气溶胶粒子作为影响云和降水形成的重要因素,基于重量法、β射线法、微量震荡天平法和激光散射单粒子原理等对其测量。云凝结核和冰核作为成云致雨的关键,对二者的测量可以加深对降水成因的理解。其中,对云凝结核的测量主要是通过凝结核计数器实现,对冰核的探测则需要由各种云室实现。

雨滴谱作为降水的重要特征,对其的测量方法主要分为传统的人工测量和仪器测量。而由于雨滴谱仪相比传统测量方法具有精确、操作简便等优势,在如今得到广泛的运用。雹谱,相比于雨滴谱,近年来研究较少,其测量方式也较为单一,主要是用测雹板进行人工测量。

降水是一个复杂的过程,需要通过天基、空基、地基多种仪器进行综合探测。目前基于卫星对降水的反演,使用各种机载仪器对降水过程中云内变化的探测,以及雨量计、雷达、微波辐射计等对降水过程中降水量及其他相关参数的估测已经有较多的研究。

习题

[1] 试述气溶胶粒子的定义与分类。

[2] 简要说明气溶胶粒子的测量方法。

[3] 试述云凝结核的定义,并简要说明其对云降水物理的影响。

［4］简要说明云凝结核的测量方法。

［5］试述冰核的定义。

［6］简要说明冰核测量所需的步骤。

［7］选一种云室作简要介绍。

［8］试述雨滴谱和霰谱的定义。

［9］试述雨滴谱和霰谱的测量方法。

［10］试述降水过程有哪些探测方法，并简要说明每种方法。

参考文献

［1］Eck T F，Holben B N，Reid J S，*et al*. Wavelength dependence of the optical depth of biomass burning. urban，and desert dust aerosois. *Journal of Geophysical Research*，1999，**104**：31333.

［2］Khain A P. Notes on state-of-the-art investigations of aerosol effects on precipitation：A critical review. *Environ. Res. Lett.*，**4**(1)：15004，doi：10. 1088/1748-9326/4/1/015004. 2009.

［3］Whitby K T. The physical characteristics of sulfur aerosols. *Atmospheric Environment*，1978，**41**(supp. 1)：25-49.

［4］杨慧玲，肖辉，洪延超. 气溶胶对云宏微观特性和降水影响的研究进展. 气候与环境研究，**16**(4)：525-542. 2011.

［5］Remer L A，Kaufman Y Z，Levin Z，*et al*. Model assessment of the ability of MODIS to measure top-of-atmosphere direct radiative forcing from smoke aerosols. *J. Atmos. Sci.*，**59**(3)：657-667. 2002.

［6］Tanrě D，Kaufman Y，Herman M，*et al*. Remote sensing of aerosol properties over oceans using the MODIS. EOS spectral radiances. *J. Geophys. Res*，**102**(16)：971-988. 1997.

［7］Ackerman A S，Kirk Patrick M P，Stevens D E，*et al*. The impact of humidity above stratiform clouds on indirect aerosol climate forcing. *Nature*，**432**(7020)：1014-1017. 2004.

［8］Jiang H L，Feingold G，Cotton W R. Simulations of aerosol cloud-dynamical feedbacks resulting from entrainment of aerosol into the marine boundary layer during the Atlantic Stratocumulus Transition Experiment. *J. Geophys. Res.*，**107**(D24)：4813. 2002.

［9］Twomey S. The influence of pollution on the shortwave albedo of clouds. *J. Atmos. S ci.*，**34**(7)：1149-1152. 1977.

［10］Albrecht B A. 1989. Aerosols，cloud microphysics，and fractional cloudiness. *Science*，**245**(4923)：1227-1230.

［11］Zhao C S，Tie X X，Lin Y. A possible positive feedback of reduction of precipitation and increase in aerosols over eastern central China. *Geophys. Res. Lett.*，**33**.，L11814，doi：10. 1029/ 2006GL025959. 2006a.

［12］Grimm H，Eatough D J. Aerosol measurement：the use of optical light scattering for the determination of particulate size distribution，and particulate mass，including the semi-volatile fraction［J］. *Journal of the Air and Waste Management Association*，2009，**59**(1)：101-107.

［13］李菲，邓雪娇，谭浩波，等. 微量振荡天平法与激光散射单粒子法在气溶胶观测中的对比试验研究. 热带气象学报，2015. **31**(4)：497-504.

［14］林振毅. 凝结核计数器的原理和研究进展. 中国科技信息，2008，**6**：265-269.

［15］Aitken J. Observation of atmospheric dust. *Report of the International Meteorological Congress*. 1896，Washington，**11**(3).

［16］Michael C G，周景林. 一个改进的机载爱根核计数器. 气象科技. 1987，(06).

［17］Nolan P J，Pollak L W. The calibration of a photo-electric nucleus counter. *Proceedings of the Royal Irish Acad*，1948，**51**(2).

[18] Gras J L,Podzimek J,O'Connor T C,Enderle K H. Nolan-Pollaktype CN counters in the Vienna aerosol workshop. *Atmospheric Research*. 2002,**62**:239-254.

[19] 李力,银燕,顾雪松,等. 黄山地不同高度云凝结核的观测分析. 大气科学,2014,**38**(3):410-420.

[20] Vali G. Nucleation terminology. *J. Aerosol. Sci.*,1985,**16**(6):575-576.

游来光. 大气中的冰核. 气象,1976,**2**(1):29-32.

[21] B. J. 梅森. 云物理学. 北京:科学出版社,1978,154-172.

[22] Motoi kumai. Identification of nuclei and concentrations of chemical species in snow crystal sampled at the South Pole. *J. Atmos. Sci.* **33**(5):833-841.

[23] Pruppacher H R,Klett J D. *Microphysics of Clouds and Precipitation*(2nd ed.). Dordrecht:Kluwer Academic Publishers,309-360. 1997.

[24] 李丽光,周德平. 大气冰核研究进展. 高原气象,2011,**30**(6):1716-1721.

[25] Bigg E K. A new technique for counting ice-forming nuclei in aerosols. *Tellus*,1957,**9**(4):394-400.

[26] Bigg E K,Mossop S C,Meade R T,*et al*. The measurement of ice nucleus concentrations by means of Millipore filters. *J. Appl. Meteor.*,1963,**2**(2):266-269.

[27] 杨绍忠,马培民,游来光. 用滤膜法观测大气冰核的静力扩散云室. 气象学报. 1995,**53**(1):91-100.

[28] Langer G. Evaluation of NCAR Ice Nucleus Counter. Part I:Basic Operation,1973,**12**(6):1000-1011.

[29] 周德平,李炳昆,陈光,等. 用 5 L 混合云室观测抚顺市大气冰核浓度. 气象与环境学报,2012,**28**(6):44-49.

[30] Ohtake T. Cloud settling chamber for ice nuclei count. Preprints Intern. Conf. Weather Modification,Canberra,Australia,Amer. Meteor. Soc.,1971,38-41.

[31] Rogers D C. Development of a continuous flow thermal gradient diffusion chamber for ice nucleation studies. *Atmos. Res*,1988,**22**(1):149-181.

[32] Rogers D C,DeMott P J,Cooper W A,*et al*. Ice formation in wave clouds-comparison of aircraft observations with measurements of ice nuclei. 12th International Conference of Clouds and Precipitation,Zurich,1996:135-137.

[33] Klein H,Haunold W,Bundke U,*et al*. A new method for sampling of atmospheric ice nuclei with subsequent analysis in astatic diffusion chamber. *Atmos. Res.*,2010,**96**(2/3):218-224.

[34] 苏航,银燕,陆春松,等. 新型扩散云室搭建及其对黄山地区大气冰核的观测研究. 大气科学,2014,**38**(2):386-398.

[35] 柳臣中,周筠珺,谷娟,等. 成都地区雨滴谱特征. 应用气象学报,2015,**26**(1):112-121.

[36] 周黎明,王庆,龚佃利,等. 山东一次暴雨过程的云降水微物理特征分析. 气象,2015,**41**(2):192-199.

[37] Marshall J S,Palmer W M. The distribution of raindrop with size. *Journal of Atmospheric*,1948,**5**(4):165-166.

[38] Ulbrich C W. Natural variations in the analytical form of the raindrop size distribution. *J. Climate Appl. Meteor.*,1983,**22**:1764-1775.

[39] 郑娇恒,陈宝君. 雨滴谱分布函数的选择:M-P 和 Gamma 分布的对比研究. 气象科学,2007,**27**(1):17-25.

[40] Gunn R,Kinzer G D. Terminal velocity of water droplets in stagnant air. *J. Meteoro.*,1949,**6**(4):243-248.

[41] 刘晓莉,水旭琼. 青海两次多单体降雹过程的雹谱分布特征. 大气科学学报,2015,**38**(6):845-854.

[42] 张国庆,孙安平. 青海东部一次强冰雹的微结构及生长机制研究. 高原气象,2007,**26**(4):783-790.

[43] 牛生杰,马磊,翟涛. 冰雹谱分布及 Ze-E 关系的初步分析. 气象学报,1999,**57**(2):217-225.

[44] 李斌,施文全,瓦黑提,王红岩. 新疆昭苏地区 99 年降雹雹谱特点分析[会议论文],2000.

[45] 詹丽珊,陈万奎,黄美元.南岳和泰山云中微结构起伏资料的初步分析.我国云雾降水微物理特征的研究,北京:科学出版社,1965,30-40.

[46] You Laiguang,Liu Yangang. Error ananlysis of GBPP-100 probe. *Atmos. Res.*,1994,**34**:379-387.

[47] 刘红燕,雷恒池.基于地面雨滴谱资料分析层状云和对流云降水的特征.大气科学,2006,30(4):693-702.

[48] 濮江平,赵国强,蔡定军,等. Parsivel 激光降水粒子谱仪及其在气象领域的应用.气象与环境科学,2007,**30**(2):3-8.

[49] 余东升,徐青山,徐赤东,等.雨滴谱测量技术研究进展.大气与环境光学学报,2011,6(6):4.3-4.8.

[50] 周黎明,王俊,张洪生,等.激光雨滴谱仪与自动气象站观测雨量对比研究.气象科技,2010,**38**(增刊Ⅰ):113-117.

[51] 牛生杰.云降水物理研究.北京:气象出版社,2012,81-83.

[52] Lozowski E P,Strong G S. On the calibration of hailpads. *J. Appl. Meteor.*,1978,**17**:521-528.

[53] 濮江平,张伟,姜爱军,等.利用激光降水粒子谱仪研究雨滴谱分布特性.气象科学,2010,30(5):701-707.

[54] 刘晓莉,水旭琼.2015.青海两次多单体降雹过程的雹谱分布特征.大气科学学报,38(6):845-854.

[55] Twomey S,Cocks T. Remote sensing of cloud parameters from spectral reflectance in the near-infrared. *Beite. Phys. Atmos.*,1989,**62**:172-179.

[56] Kingredients M D. Electric filed changes and cloud electric structure[J]. *J. Geophys Res.*,1987,**94**:13145-13149.

[57] Rosenfeld D,G. Gutman. Retriving microphysical properties near the tops of potential rain clouds by multispectral analysis of AVHRR data. *Atmospheric Research*,1994,**34**:259-283.

[58] 赵凤生,丁强,孙同明.利用 NOAA-AVHRR 观测数据反演云辐射特性的一种迭代方法.气象学报,2002,**60**(5):594-601.

[59] 陈英英,周毓荃,毛节泰,等.利用 FY-2C 静止卫星资料反演云粒子有效半径的试验研究.气象 2007,**33**(4):29-34.

[60] 周青,赵凤乍,商文华.利用 FY-2C 卫星数据反演云辐射特性.大气科学,2010,34(4):827-842.

[61] 陈渭民.卫星气象学.北京:气象出版社.2003,395.

[62] 范烨,郭学良,张佃国,等.2010.北京及周边地区 2004 年 8,9 月层积云结构及谱分析飞机探测研究.大气科学,**34**(6):1187-1200.

[63] 梁谷,雷恒池,李燕,等.机载微波辐射计云中含水量的探测.高原气象.2007,**26**(5):1105-1111.

[64] 封秋娟,李培仁,樊明月,等.华北部分地区云凝结核的观测分析.大气科学学报,2012,**35**(5):533-540.

[65] Doviak R J, and Zrnic D S. *Doppler Radar and Weather Observations*,562 pp. 2nd ed. Mineola:Dover. 2006.

[66] Leary C A,and Houze R A,Jr. The structure and evolution of convection in a tropical cloud cluster. *Journal of the Atmospheric Sciences*,1979,**36**:437-457.

[67] 王丽荣,汤达章,胡志群,等.多普勒雷达的速度图像特征及其在一次降雪过程中的应用.应用气象学报,2006,**17**(4):453-458.

[68] 王建林,刘黎平,曹俊武.双线偏振多普勒雷达估算降水方法的比较研究.气象.2005,**31**(8):25-41.

[69] 程周杰,刘宪勋,朱亚平,等.双偏振雷达对一次水凝物相态演变过程的分析.应用气象学报,2009,**20**(5):594-601.

[70] 王德旺,刘黎平,宗蓉,等.基于模糊逻辑的大气云粒子相态反演和效果分析.气象,2015,**41**(2):171-181.

[71] 刘黎平,钱永甫,王致君.用双线偏振雷达研究云内降水粒子相态及尺度的空间分布.气象学报,1996,**54**(5):590-598.

[72] Bringi V N,Chandrasekar V,Hubbert J,Gorgucci E,Randeu W L and Schoenhuber M. Raindrop Size Distribution in Different Climatic Regimes from Disdrometer and Dual-Polarized Radar Analysis. *J. Atmos.*

Sci. ,2003,**60**(2),354-365.

[73] Vivekanandan J,Zhang G,and Brandes E. Polarimetric radar estimators based on a constrained gamma drop size distribution model. *J. Appl. Meteor.* ,2004,**43**,217-230.

[74] 李宗飞,肖辉,姚振东,等. X 波段双偏振雷达反演雨滴谱方法研究. 气候与环境研究,2015,**20**(3): 285-295.

[75] Jianxin Wang,Brad L. Fisher,David B. Wolff. Estimating Rain Rates from Tipping-Bucket Rain Gauge Measurements. *J. Atmos. Oceanic Technol.* 2008,**25**:43-55.

[76] 楚艳丽,郭英华,张朝林,等. 地基 GPS 水汽资料在北京"7. 10"暴雨过程研究中的应用. 气象,2007,**33** (12):16-22.

[77] Alberto Tapia,James A. S,Micheal Dixon. Estimation of Convective Rainfall from Lightning Observations. *J. Appl. Meteor.* ,**37**:1497-1508.

第 6 章　云和降水过程的数值模拟

云和降水形成的过程与大气动力、热力、微物理等过程有关，为了更清晰地认知云和降水形成的物理过程，通常使用云模式或中尺度模式进行模拟研究。本章中主要对积云模式和中尺度模式的框架进行简单的介绍。

6.1　云模式

云模式中主要考虑了云和降水形成过程的动力过程和微物理过程，结合观测资料以及实验结果，对动力方程和微物理方程求解，模拟云发展过程中的各种物理量。下面介绍一维、二维、三维积云模式的框架，以及模式中的微物理过程。

6.1.1　一维积云模式

一维积云模式中只考虑垂直方向上的运动和物理量变化。通过模拟大气层结稳定度和上升气流对云发展过程的影响，来认知云发展过程中各种物理量的变化。一维积云模式通常分为一维定常积云模式和一维时变积云模式，一维定常积云模式不能模拟积云的发展过程，只能模拟积云成熟阶段，一维时变积云模式则可以模拟积云发展的整个生命史。一维模式具有运算量少，使用简单等优点，但同时也具有了对云内各种物理过程处理过于简单的缺点。

下面以 Warner[1] 的一维积云模式为例，对一维积云模式的大体框架进行说明。一般在暖云模式中只包含液态水和水汽，当冰相粒子出现时，水汽方程也较为复杂。考虑动力夹卷过程后，水分平衡方程中包含了动力夹卷项，水分平衡方程如下：

$$\frac{\mathrm{d}Q}{\mathrm{d}z} = -\frac{\mathrm{d}q}{\mathrm{d}t} - \mu(q - q_e + Q) \tag{6.1}$$

式(6.1)中 Q 为液态水比含水量，μ 为夹卷系数，q 和 q_e 分别表示云内比湿和云外空气比湿。式中右侧第二项为由于夹卷作用对水成物质量变化的贡献。如果式中不包含动力夹卷项，液态水的增加率或减少率等于云内水汽的减少率和增加率。若把液态水分为云水和雨水两部分，则液态水的变化主要由凝结云水和雨水自动转化、碰并和雨水蒸发等过程引起。

将积云对流看作为垂直方向上运动的气块，假设环境处于静力平衡，忽略云内及云边的水平气压梯度力，考虑了动力夹卷过程的动量方程为：

$$\frac{1}{2}\left(\frac{\mathrm{d}\bar{\omega}^2}{dz}\right) = g\left(\frac{T_v - T_{ve}}{T_{ve}} - Q\right) - \mu\bar{\omega}^2 \tag{6.2}$$

式(6.2)中 $\bar{\omega}$ 为上升气流速度，T_v 和 T_{ve} 分别表示气块和环境大气的虚温，Q 表示单位质量空气中水成物的比含水量。

热量方程源自于热力学第一定律,对于单位质量的空气块,其温度的变化与凝结潜热释放和夹卷的干冷空气消耗感热和潜热所引起。凝结潜热释放率为:

$$\frac{\mathrm{d}Q}{\mathrm{d}t} = -L\frac{\mathrm{d}q_s}{\mathrm{d}t} \tag{6.3}$$

式(6.3)中 q_s 为饱和比湿,夹卷进入的干冷空气消耗的感热和潜热的变化率为:

$$\frac{\mathrm{d}Q}{\mathrm{d}t} = -\left[c_p(T-T_e) + L(q_s-q_e)\right]\mu\bar{\omega} \tag{6.4}$$

综合式(6.3)和(6.4)可得到温度变化方程:

$$\frac{\mathrm{d}T}{\mathrm{d}z} = -\left[\frac{g}{c_p}\left(1+\frac{q_s L_v}{RT}\right) + \mu(T-T_e) + \frac{\mu L_v}{c_p}(q-q_e)\right] \bigg/ \left[1+\frac{\varepsilon L_v^2 q_s}{c_p R T^2}\right] \tag{6.5}$$

一般一维积云模式可用对含水量、云内外虚温、上升气流速度等变量进行模拟,在人工影响天气工作中,经常使用一维积云模式来模拟积云的发展状况,用以判断人工影响作业与否。

6.1.2 二维模式

一维模式虽然能够反映一些云特征量在垂直方向上的发展状况,但无法给出许多对云发展起到重要作用的过程。如对积云发展十分重要的环境风场的垂直风切变等。二维模式则能够克服一维模式的缺点,考虑更多环境因素对积云发展的影响。二维模式一般分为两类:轴对称模式和平面对称模式。轴对称模式采用柱坐标系,云体与中心轴对称。平面对称坐标系采用直角坐标系以 $x-z$ 平面为对称。Soong 和 Ogura[2] 对比轴对称和平面对称二维模式指出,平面对称二维模式由于云中下沉气流较强,导致云外温度过高而湿度过低,模拟出的积云发展强度较弱。Takeda[3] 较早地发展了一个二维云模式,该模式对微物理过程做了较为符合实际情况的处理,但并没有考虑云内的冰相过程。Takahashi[4] 将冰相过程引入到二维轴对称模式当中,在此基础上讨论了冰雹随气流运动的生长过程,指出冰雹胚胎被抛出云顶后,某些未被蒸发完的雹胚又随下沉气流进入到云内的上升气流中,继续冻结直至形成较大的冰雹而降落。

二维轴对称模式和二维平面对称模式中的控制方程组较为类似,这里我们以平面对称模式为例,介绍二维模式的运动方程框架,在处理浅对流和深对流时,水平方向和垂直方向的运动方程都采用以下形式:

$$\frac{\partial u}{\partial t} = -u\frac{\partial u}{\partial x} - \bar{\omega}\frac{\partial u}{\partial z} - \frac{1}{\rho}\frac{\partial p}{\partial x} + K_m\nabla^2 u \tag{6.6}$$

$$\frac{\partial \bar{\omega}}{\partial t} = -u\frac{\partial \bar{\omega}}{\partial x} - \bar{\omega}\frac{\partial \bar{\omega}}{\partial z} - \frac{1}{\rho}\frac{\partial p}{\partial z} + K_m\nabla^2\bar{\omega} + \left(\frac{T_v}{T_{v0}} - q_{\bar{\omega}}\right)g \tag{6.7}$$

以上两式中,湍流交换系数 K_m 为常数,且仅考虑暖云情况。

当处理浅对流时,连续方程为以下形式:

$$\frac{\partial u}{\partial x} + \frac{\partial \bar{\omega}}{\partial z} = 0 \tag{6.8}$$

流函数为:

$$\begin{cases} u = -\dfrac{\partial \Psi}{\partial z} \\[2mm] \bar{\omega} = \dfrac{\partial \Psi}{\partial x} \end{cases} \tag{6.9}$$

若考虑的对流云发展非常旺盛时,对流云云顶高度很高,甚至超过对流层顶,那么处理深对流时,连续方程形式为:

$$\frac{\partial(\rho u)}{\partial x} + \frac{\partial(\rho \tilde{w})}{\partial z} = 0 \tag{6.10}$$

深对流的流函数形式为:

$$\begin{cases} \rho u = -\dfrac{\partial \Psi}{\partial z} \\ \rho \tilde{w} = \dfrac{\partial \Psi}{\partial x} \end{cases} \tag{6.11}$$

二维云模式缺乏第三维动力机制,因此对发展较为旺盛的对流云模拟效果较差,为了研究深对流云的发展过程,三维云模式逐渐发展起来。

6.1.3　三维模式

早期,Steiner(1976)建立了一个三维浅对流模式,但该模式仅考虑了一个方向上的风切变,未考虑降水过程。1990 年以来我国三维模式发展较为迅速,许多学者[5~7]建立三维云模式,并在此基础上讨论了对流云降水和强风暴发展的物理过程。

以下简单介绍中国科学院大气物理研究所发展的三维冰雹云模式[5,6],三维冰雹云模式的主要预报方程为:

(1)运动方程

$$\frac{\mathrm{d}u}{\mathrm{d}t} + c_p \theta_0 \frac{\partial \pi}{\partial x} = D_u \tag{6.12}$$

$$\frac{\mathrm{d}v}{\mathrm{d}t} + c_p \theta_0 \frac{\partial \pi}{\partial y} = D_v \tag{6.13}$$

$$\frac{\mathrm{d}w}{\mathrm{d}t} + c_p \theta_0 \frac{\partial \pi}{\partial z} = g\left(\frac{\theta'}{\theta_0} + 0.608 q_v - q_t\right) + D_w \tag{6.14}$$

以上式中 u、v 和 w 分别为三个方向上的运动速度,θ' 为位温扰动,q_t 为液态和固态水成物总混合比,D_u、D_v 和 D_w 分别为次网格尺度项。

(2)水分守恒方程

$$\frac{\mathrm{d}q_x}{\mathrm{d}t} = S_{qx} + D_{qx} + \frac{1}{\rho_a} \frac{\partial}{\partial z}(\rho_a q_x V_x) \tag{6.15}$$

$$\frac{\mathrm{d}N_x}{\mathrm{d}t} = S_{Nx} + D_{Nx} + \frac{1}{\rho_a} \frac{\partial}{\partial z}(\rho_a N_x V_x) \tag{6.16}$$

以上两式中 q_x 和 N_x 分别为水成物粒子的质量混合比和比浓度,公式右侧第一项为微物理过程源汇项,第二项为湍流通量,第三项为将水性水成物的重力沉降移出率,V_x 为雨滴、冰晶、雪、霰和冰雹的下落末速度。

(3)热力方程

$$\frac{\mathrm{d}\theta}{\mathrm{d}t} = Q_{lv} + Q_{il} + Q_{rv} + D_\theta \tag{6.17}$$

式中 Q_{lv}、Q_{il} 和 Q_{rv} 分别代表汽液、固液和固汽相变所产生的潜热贡献。

6.2 中尺度模式

中尺度模式中考虑了较为详细的物理过程,如动力过程、微物理过程和辐射过程等等,能够更为真实详细地反映出中尺度天气系统的各种物理特性。目前,中尺度模式在中尺度天气系统研究和预报方面应用十分广泛,在我国应用较为广泛的中尺度天气模式有 GRAPES_Meso 和 WRF 等。由于中尺度模式的微物理方案中考虑了详细的微物理过程,能够较好地模拟各种云的发展过程,对于云物理研究来说是一种非常重要的研究工具。这里我们以 WRF 模式为例,对中尺度模式进行简单的介绍。

WRF 中尺度模式由美国国家大气研究中心(NCAR)、国家大气海洋局、俄克拉荷马大学暴雨分析预报中心和国家环境预报中心(NCEP)环境模拟中心共同参与研发。WRF 模式具有非静力平衡、高分辨率和完全可压缩等特点,在中尺度天气系统研究和预报方面具有广泛的应用[8]。

如图 6.1 所示[8],WRF 中尺度模式水平方向上选用 Arakawa C 网格,垂直方向上一种为高度坐标,另一种为质量坐标。模式的时间积分选用完全时间分裂格式,外循环 WRF 模式推荐使用时间步长较大的 3 阶 Runge-Kutta 算法,但同时也提供 2 阶算法。

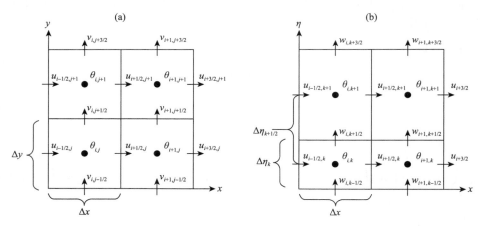

图 6.1　WRF 模式水平(a)和垂直(b)网格分布

WRF 模式的物理过程包括大气水平和垂直的涡动扩散,大气长波辐射过程和短波辐射过程,云微物理过程及积云的对流过程。模式主要包括以下几个模块:资料前处理模块(WPS)、常规和非常规气象资料同化模块(WRF-VAR)、理想试验和预报模块(ARW)以及结果后处理模块(ARWpost),各模块的流程如图 6.2[8]所示。

云微物理方案对水汽、云和降水过程进行了详细求解。WRF 模式中有多个微物理方案可供选择,但有的方案中只考虑了暖云过程,有的方案中未考虑混合相态过程。表 6.1 给出了几种参数化方案的简介。由于本文中考虑在有液态水存在的条件下冰相粒子碰撞分离引起的起电过程,所以选用微物理方案必须同时考虑冰相过程和混合相态过程,同时考虑冰相过程和混合相态过程的方案有 Lin、Thompson、Milbrandt、Morrison 等几种方案;而计算起电量的过程中需要用到粒子的数浓度,所以微物理方案中必须具有各种粒子的数浓度预报量,同时具有混合比和数浓度预报量的方案为 Milbrandt、Morrison 双参数化方案。

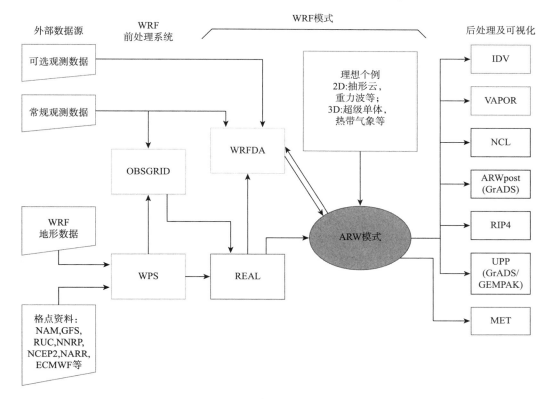

图 6.2　WRF 模式不同模块的流程图

表 6.1　微物理方案简介

方案	变量数	冰相过程	混合相过程	双参数
Kesler 方案	3	N	N	N
Lin 方案	6	Y	Y	N
WSM3 方案	3	Y	N	N
Thompson 方案	7	Y	Y	N
Milbrandt 方案	6	Y	Y	N
Morrison 方案	7	Y	Y	Y

　　以下对几种微物理方案中变量和微物理过程做出了简要介绍：

　　(1)Kessler 方案[9]原为 COMMAS 模式中的微物理方案，是一种简单的暖云参数化方案，其中包括水汽、云水和雨三种水成物粒子。微物理过程包括：雨的生成、蒸发和降落；云水的收集和自动转化；凝结形成云水。

　　(2)Lin 方案[10,11]中包含六种水成物粒子：水汽、云水、雨滴、冰晶、雪粒子和霰粒子。该方案包括了冰相过程和混合相态过程，是 WRF 模式中较为精细的微物理方案。

　　(3)WSM3 方案[12,13]考虑了较为简单的冰相过程，方案中不考虑冰相粒子的缓慢融化以及过冷水的存在。WSM5 方案[12,13]相对 WSM3 方案有所改进，考虑冰相粒子的缓慢融化以及过冷水的存在。WSM6 方案[12~14]对 WSM5 方案进行了改进，引入了霰粒子及相关的物理过程,该方案通过混合比的权重来计算雪粒子和霰粒子在混合相态区的下落速度,更适合云分辨率尺度个例的模拟。

(4)Thompson 方案[15]中包括六种水成物,各种水成物粒子均为伽马分布。该方案对凝华、升华和蒸发过程进行了改进,同时也改进了雨收集雪和霰粒子的物理过程。

(5)Milbrandt 方案[16]考虑的微物理过程较为完善,考虑的云粒子包括:云滴、雨滴、冰晶、雪、霰和雹。同时预报云粒子的混合比和数浓度。

这里我们以 Morrison 双参数化方案[17~19]为例对微物理方案进行介绍。Morrison 双参数化微物理方案可预报云滴、雨滴、冰晶、雪和霰粒子/雹的混合比和数浓度,以及水汽的混合比。微物理过程包括核化、凝结、蒸发和云雨自动转化、凝华和升华、云冰收集、冰晶繁生、匀质和非匀质冻结。

该方案中水成物粒子均为伽马谱分布:

$$f(D) = N_0 \, D^\mu \mathrm{e}^{-\lambda D} \tag{6.18}$$

式中 N_0 为粒子谱分布的截距,D 为粒子直径,μ 为粒子谱分布的谱型参数,λ 为粒子谱分布的斜率。粒子谱分布的截距 N_0 定义为:

$$N_0 = \frac{N\lambda^{\mu+1}}{\Gamma(\mu+1)} \tag{6.19}$$

粒子谱的谱型参数 μ 为:

$$\mu = 1/\eta^2 - 1 \tag{6.20}$$

上式中 η 为粒子谱的相对离散度,定义为:

$$\eta = 0.0005714 N_c + 0.2714 \tag{6.21}$$

N_c 为粒子总数浓度,冰相粒子的谱型参数 μ 为 0。

粒子谱分布的斜率 λ 为:

$$\lambda = \left[\frac{\pi\rho N\Gamma(\mu+4)}{6q\Gamma(\mu+4)} \right]^{1/3} \tag{6.22}$$

云滴和冰晶粒子的有效半径 r_e 为:

$$r_e = \frac{\Gamma(\mu+4)}{2\lambda\Gamma(\mu+3)} \tag{6.23}$$

6.3 宏微观观测资料在模式中的应用

宏微观观测资料在模式中的应用主要包括以下几个部分:第一,观测资料作为初始场在模式中的应用。第二,观测资料在模式中的同化应用,主要用于改善模式的模拟效果。第三,某些微物理过程的实验室观测,用于订正参数化方案。

6.3.1 观测资料作为模式的初始场

一般在一维、二维和三维云模式中,采用的初始场为单站的探空资料,通过输入探空资料来模拟理想的云个例。一般探空资料中包括不同高度的气压值,以及对应的各个层次的温度、水汽混合比以及风速风向。探空资料反应了模拟的个例的湿热力条件,有时为了满足模拟需求也经常会对探空资料进行一定的修改。

中尺度模式中采用的一般为再分析资料,再分析资料是在观测资料的基础上通过模拟插值等方法得到。以 WRF 中尺度模式为例,其采用的初始场资料一般为美国国家环境预报中心提供的 NCEP FNL 格点资料,分辨率为 1°×1°,时间分辨率为 6 小时。NCEP FNL 格点资料提供了全球 1000~100 hPa 共 26 个层次的高度场、温度场、风场和湿度场,以及海平面气压和地面温度资料。

6.3.2　观测资料在模式中的同化应用

目前,许多常规站的空间分布不均匀,如在高原、沙漠和海洋等人口稀少地区常规观测站很少,而卫星和雷达资料提供了高时空分辨率的资料,通过同化卫星、雷达和闪电等非常规资料,为模式提供热力和动力相互协调的初始场,对改善模式模拟效果十分有利。

资料同化通常建立在模式和观测量对比的基础上,为了实现同化,需要将模式的基本变量转换成卫星观测到的特定波段的电磁辐射量,或将观测到的电磁辐射特征量反演成大气变量。目前应用于数值模式中的卫星资料包括[20]:大气垂直探测器资料、大气运动矢量资料、散射仪海面风资料、卫星观测的云和降水信息资料和 GPS 掩星探测资料等。云和降水信息资料的同化应用对于模拟大尺度和对流降水都是十分有必要的,同化过程主要应用红外波段观测到的云的宏观信息,以及微波波段观测到的云内的液态水含量信息。通过这两种资料可以更精确地分析大气的温度和湿度信息,还可以为模式提供更精确的云和降水的初值。

能够与中小尺度数值模式分辨率相适应的观测资料主要来自于雷达观测。模式中必要的三维风场、温度场和湿度场资料一般空间分辨率都较低,而天气雷达可以提供高分辨率的径向速度和回波强度资料,将雷达观测资料转换成模式中可以应用的变量,可为模式提供高分辨的初始场。雷达资料在模式中的同化应用,能够明显地改善模式对动力场、热力场和微物理场模拟效果,同时也可以明显地改进模式对降水的模拟能力[21]。

闪电资料具有全天候、高精度、高分辨率、长距离覆盖、受地形影响较小等特点。将闪电资料同化到中尺度模式当中,是提高模式对对流天气系统模拟能力的重要手段之一。闪电资料的同化主要依据是基于闪电活动与云内冰晶、雪和霰等冰相粒子的关系十分紧密,同时闪电密度与对流降水强度也具有一定的线性关系。通过闪电资料对冰相粒子和降水资料的调整,能够明显地改善模式对对流性天气系统的模拟效果[22]。

6.3.3　微物理观测资料在模式中的应用

无论在云模式中还是在中尺度模式的微物理方案中,许多物理过程都是通过经验公式给出的。但微物理过程具有非常明显的局地性特征,那么通过观测不同地区的微物理过程,进而调整云模式中的经验公式,能够明显地改进模拟的准确性。下面我们通过云凝结核和冰核观测为例进行介绍。

云凝结核观测主要是通过气溶胶采用,通过设置过饱和度,观测不同过饱和度下气溶胶的活化情况,最终得到不同粒径气溶胶浓度与云凝结核直接的经验计算公式[23]。冰核观测一般是通过在选定地点进行采样,在云室内设置活化温度和过饱和度等,并结合气溶胶观测资料,分析冰核和不同粒径气溶胶直接的关系,给出活化温度和一定粒径范围内气溶胶浓度与冰核的经验公式[24]。通过云凝结核和冰核观测结果来订正云模式中已有的经验公式,能够明显地改善模式中暖云和冷云过程的模拟准确性。

习题

[1] 总结一维、二维和三维云模式的异同点。

[2] 除了书中提到的宏微观资料,还有那些资料应用到数值模式中,请利用网络资源进行总结。

参考文献

[1] Warner J. On steady-state one-dimensional models of cumulus convection. *J. Atmosph. Sci.*, 1970, **27**: 1035-1040.

[2] Soong S and Ogura Y. A comparison between axi-symmetric and slab-symmetric cumulus cloud models. *J. Atmosph. Sci.*, 1973, **30**(5): 879-893.

[3] Takeda T. Numerical simulation of a precipitation convective cloud: The formation of a "Long-lasting" cloud. *J. Atmosph. Sci.*, 1971, **28**(3): 350-376.

[4] Takahashi T. Hail in an axi-symmetric cloud model. *J. Atmosph. Sci.*, 1976, **33**(8): 1579-1601.

[5] 孔凡铀, 黄美元, 徐华英. 对流云中冰相过程的三维数值模拟 Ⅰ: 模式建立及冷云参数化. 大气科学, 1990, **14**: 441-453.

[6] 孔凡铀, 黄美元, 徐华英. 对流云中冰相过程的三维数值模拟 Ⅱ: 繁生过程作用. 大气科学, 1990, **15**: 78-88.

[7] 洪延超. 三维冰雹云催化数值模拟. 气象学报, 1998, **56**: 641-653.

[8] Skamarock W C, Klemp J B, Dudhia J, *et al*. A description of the advanced research WRF version 3. *NCAR Technical Note NCAR*/TN-475+STN, 2008.

[9] Kessler E. On the distribution and continuity of water substance in atmospheric circulation. *Meteor. Monogr.*, No. 32, Amer. Meteor. Soc., 1969, 84pp.

[10] Lin Y L, Farley R D, Orville H D. Bulk parameterization of the snow field in a cloud model. *J. Climate Appl. Meteor.*, 1983, **22**: 1065-1092.

[11] Tao W K. An ice-water saturation adjustment. *Mon. Wea. Rev.*, 1989, **117**: 231-235.

[12] Hong S Y, Dudhia J, Chen S H. A revised approach to ice microphysical processes for the bulk parameterization of clouds and precipitation. *Mon. Wea. Rev.*, 2004, **132**: 103-120.

[13] Hong S Y, Noh Y, Dudhia J. A new vertical diffusion package with an explicit treatment of entrainment processes. *Mon. Wea. Rev.*, 2006, **134**: 2318-2341.

[14] Dudhia J, Hong S Y, Lim K S. A new method for representing mixed-phase particle fall speeds in bulk microphysics parameterizations. *J. Met. Soc. Japan*, 2008, **86**A: 33-44.

[15] Thompson G, Rasmussen R M, Manning K. Explicit forecasts of winter precipitation using an improved bulk microphysics scheme. Part Ⅰ: Description and sensitivity analysis. *Mon. Wea. Rev.*, 2004, **132**: 519-542.

[16] Milbrandt M K, Yau M K. A multimoment bulk microphysics parameterization. Part Ⅱ: analysis of the role of the spectral shape parameter. *J. Atmos. Sci.*, 2005, **62**: 3065-3081.

[17] Morrison H, Curry J A, Khvorostyanov V A. A new double-moment microphysics parameterization for ap-

plication in cloud and climate models,Part I:Description. *J. Atmos. Sci.* ,2005,**62**:1665-1677.

[18] Morrison H,Pinto J O. Intercomparison of bulk microphysics schemes in mesoscale simulations of spring-time Arctic mixed-phase stratiform clouds. *Mon. Wea. Rev.* ,2000,**134**:1880-1900.

[19] Morrison H,Gettelman A. A new two-moment bulk stratiform cloud microphysics scheme in the Community Atmosphere Model,version 3(CAM3),Part I:Description and numerical tests. *J. Climate.* ,2008,**21**:3642-3659.

[20] 薛纪善.气象卫星资料同化的科学问题和前景.气象学报,2009,**67**(7):903-911.

[21] 盛春岩,薛德强,雷霆,等.雷达资料同化与提高模式水平分辨率对短时预报影响的数值对比试验.气象学报,2006,**64**(3):293-307.

[22] 郄秀书,刘冬霞,孙竹玲.闪电气象学研究进展.气象学报,2014,**72**(5):1054-1066.

[23] 顾雪松,银燕,谭浩波,等.珠江三角洲地区气溶胶分档活化特性与闭合实验.中国环境科学,2013,**33**(9):1553-1562.

[24] 杨磊,银燕,杨绍忠,等.南京地区冬季大气冰核特征及其与气溶胶关系的研究.大气科学,2013,**37**(5):983-993.

第7章 人工影响天气的技术和方法

云和降水物理学与人工影响天气密不可分,云和降水物理学为人工影响天气提供理论基础,人工影响天气是云和降水物理学一个重要应用领域。现代人工影响天气始于 20 世纪 30 年代末,1946 年美国最早的诺贝尔化学奖获得者朗缪尔研究团队在试验中分别发现干冰(固态 CO_2)和碘化银(AgI)可以形成冰晶,由此开创了现代人工影响天气的序幕[1]。随后,澳大利亚、以色列、俄罗斯、乌克兰等 100 多个国家和地区先后进行人工影响天气试验。现代人工影响天气是以大气物理学为基础,通过人为改变自然天气过程,达到趋利避害的目的。目前最广泛应用的一种人工影响天气方法是人工播云,其目的是增加降水、防雹、减弱台风等。

国外现代人工影响天气的历史发展大事件大致如表 7.1 所示。

表 7.1 国外现代人工影响天气发展大事件[2]

时间	关键性事件
1933 年	贝吉龙等人提出:降水的形成主要取决于云中是否有足够数量的冰晶,能否通过冰水转化形成大水滴。
1938 年	运用吸湿性物质 $CaCl_2$ 进行消雾案例的成功,是首次符合物理原理并且取得成功的人工影响天气试验。
1939 年	贝吉龙—芬德生(Wegener-Bergeron-Findeisen)理论的进一步完善,开创了现代云物理研究的先河。
1946 年	干冰和碘化银能作为催化剂的伟大发现,开创了人工影响天气的新篇章。
1947 年	美国开始使用飞机在云中播撒干冰的试验;澳大利亚在年初也进行了对层积云的飞机播撒干冰作业。
1952 年	以色列在人工降雨试验中引进了随机化播撒催化剂的概念,为其后成功地实施人工降雨随机分区审渡试验奠定了基础。

我国人工影响天气发展起步较晚,至今经历了如表 7.2 所示的几个阶段[3,4]。

表 7.2 我国人工影响天气经历的几个阶段

时间	发展阶段	关键性事件
1956—1959 年	规划制定与初步试验阶段	首次提出了发展"人工控制天气"工作,我国第一次用飞机在云中播撒干冰,人工降雨获得成功。
1960—1980 年	强调注重观测与科学试验阶段	发现问题,如科技力量较为薄弱,缺少相关探测仪器和设备,不能做到正确评估人工降水的效果等,开始强调基础理论的重要性,并且加强研制探测仪器、催化技术和推进效果检验等工作。
1980—1990 年	调整作业规模,注重科技项目研究阶段	引进了第一批飞机探测仪器,研制我国第一台微波辐射计,研制我国第一部偏振雷达,开始数值模拟研究,将 GPS 卫星定位系统应用于人工增雨作业飞机。
1990—1999 年	作业规模扩大阶段	研制成功新型催化剂和催化设备;全国人工影响天气协调会议制度建立。
2000—至今	快速发展阶段	国家级人工影响天气业务的建立;机载云粒子测量系统(PMS)、热线含水量仪、气溶胶和降水谱仪(CAPS)、降水成像探头(PIP)和云凝结核等测量设备的进一步应用;国家—省—市地—县四级人工影响天气业务体制的建立。

我国现代人工影响天气经历了五十多年的发展,近年来更是不断加强国际交流,学习国际上最新的研究成果,不断开拓与创新,对播撒的基础理论和技术技巧方面有了一些新的认识和进步。近几年更是在人工影响天气综合检测和作业条件识别、云水资源评估、催化作业、数值模拟和效果检验等关键技术上取得了极大的进步与发展。但在一些环节仍然存在着较大程度的不确定性,科学水平有待进一步地提高,我国和世界人工影响天气仍存在着许多亟待解决的问题,如表 7.3 所示:

表 7.3　目前人工影响天气存在的问题[5]

难点	存在的问题
作业对象的盲目性	缺乏完整的、客观的、科学的作业选云条件或指标。
作业方法的盲目性	不管当前作业云的特点和条件,往往采用事先已经认定的、大体上相同的方法去作业或者没有把催化剂播撒到云中起作用的关键部位。
效果检验的不确定性	不能拿出科学的数据证明人工降水的定量效果。
科技储备与准备不足	科技储备不足,对人工影响天气的深入研究尚不够。

虽然这些问题与大气科学本身的复杂性和认识程度密切相关,但积极探索新的人工影响天气技术的途径,对有效降低这些不确定性是有科学和应用价值的[5]。人工影响天气的整个过程,简单来说就是运用人工影响天气基本原理在观测基础上确定作业假设,选择合适的催化剂,在适当的时机,将合适剂量的催化剂播撒到作业对象指定位置,并且对人工影响天气的效果进行检验。对国内地市级和县级人工影响天气催化作业来说,主要涉及人工防雹和增加降水这两个方面。故此,了解人工增加降水、人工防雹作业中使用的同类型催化剂、作业装备、催化用弹的性能,以及人工防雹、增加降水作业的一些基本方法,是非常必要的。因此,本章将对人工增加降水和人工防雹的基本原理、技术方法和效果检验三个方面进行相关的介绍,人工增加降水方面包括人工影响冷云降水、人工影响暖云降水,地形云催化原理以及人工增加降水的天气条件、作业指标、时机、部位和剂量等的选择。人工防雹方面包括冰雹云的发展、人工防雹原理以及人工防雹技术的天气条件、作业指标、时机、部位和剂量等的选择。

7.1　人 工 增 加 降 水

人工增加降水也称人工降水或人工增雨,就是根据自然界降水形成的原理,人为地补充某些形成降水的必要条件,比如向云中撒播降雨催化剂(盐粉、干冰或碘化银等),使云滴或冰晶增大到一定程度,降落到地面,形成降水。人工增加降水是人工影响天气中进行得最多的一项试验,它通过改变云内的微物理特征,可以使原本不能自然产生降水的云受到某种激发而发生降水,也可以使原本水汽含量充足、能够自然形成降水的云提高降水效率。我国一些干旱的地区和省份以及国外许多国家和地区都在大力地开展人工增加降水的研究试验和推广应用,这已经成为抵抗干旱的重要方法和手段。人工增加降水不仅仅是能够抗旱,减少人民的经济损失;还可以用到减缓或消除雾霾等其他灾害性天气当中去,为治理环境污染等也能够做出突出贡献。但是由于自然降水过程和认为催化过程中还存在这许多不确定性,因此人工增加降水的理论和技术还需要进一步地研究与探索。接下来将对人工增加降水的基本原理和相关的技术方法如作业指标、时机、部位和剂量等的选择,飞机增加降水技术以及地面高炮和火箭增加降水的设计等进行相关的介绍。

7.1.1　人工增加降水原理

人工增加降水原理包括以下三个方面,人工影响冷云降水原理、人工影响暖云降水原理和地形云催化的原理,接下来就一一进行介绍。

(1)人工影响冷云降水

冷云即温度低于 0℃,过冷水滴、冰晶和水汽三者共同存的云体,云中的冰水转化是产生降水的关键所在。贝吉龙过程(冰晶效应)是近代人工影响冷云降水的物理基础,它是由贝吉龙在 1935 年提出的一个理论假说:相同温度下水面饱和水汽压大于冰面饱和水汽压,所以当实际水汽压介于两者之间时,过冷云中的冰晶就会不断消耗空气中多余的水汽,水滴不断地蒸发,同时冰晶也不断地凝华增长。这种水滴不断蒸发,冰晶不断长大的过程即冷云中的冰水转化过程就称作贝吉龙过程或者冰晶效应[6]。冷云催化的大致流程如图 7.1 所示。

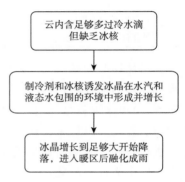

图 7.1　冷云催化流程

冷云的催化原理分为两种,一种是冷云"静力催化",另外一种就是冷云"动力催化"。

冷云"静力催化"着眼于云内水的相态不稳定,其基本原理就是设法破坏云的物态结构,也就是在云中制造适量的冰晶,使其产生冰晶效应,在这个过程中,由于冰晶会不断地增长,当它长大到一定尺度以后就会发生沉降,沿途不断凝华和冲并增长而变成大的降水质点下降。这种催化原理的核心就是要提高冷云中冰晶的浓度,通过不断发生的贝吉龙过程,提高冷云降水的效率,从而达到人工增加降水的目的。其关键技术不仅是催化剂要适量,更重要的是对要进行催化的云的选取。根据过去几十年的试验研究表明,以冷性降水性质为主导降水的云系更适宜用"静力催化"的方法,比如以下几种:过冷却层状云、地形云、积层混合云、大陆性积云等。

冷云"动力催化"立足于影响或加强云内的热力不稳定,其基本原理就是着眼于改变局部云体的动力状态,其具体做法就是在云的过冷部位播撒大量的人工冰核,云体迅速地冰晶化从而释放大量的凝结潜热,使云内温度升高,从而使云内上升气流加强,云的发展速度加快,水分累积加大,从而达到产生更多降水的目的。利用飞机进行积云动力催化示意图如图 7.2 所示。

在冷云中能够产生冰晶的方法一般有两种,第一种就是向云中投入冷冻剂,如干冰(即固体二氧化碳、液氮),即采用冷云"静力催化"方法。在一个标准大气压下(1013 hPa),干冰的升华温度为 −78℃,因此干冰受热后不会立即熔化,而是在 −78℃时直接变成气体。将干冰投入到过冷却云中后,云内温度迅速降低,水蒸汽遇冷液化成许多小水滴和小冰晶,这些细小的水滴和冰晶迅速增多加大,迫使它下降形成降水。

另一种方法便是引入人工冰核(凝华核或冻结核),即采用冷云"动力催化"方法。碘化银是一种非常有效并且目前应用最普遍的冷云催化剂。碘化银具有三种结晶形状,其中六方晶形与冰晶的结构很相似,能起到冰核的作用,适用于 −15℃～−4℃的冷云催化。碘化银只要受热后就会在空气中形成极多极细的碘化银粒子,1 g 碘化银可以形成几十万亿微粒,这些微粒会随气流运动进入云中,在冷云中产生几万亿到上百亿个冰晶,云中的水滴上的水分子经蒸发,凝华迅速转化到这些冰晶上,使冰晶很快长大,而产生降雪,如果地面气温较高,雪降落过程中边融化边碰撞合并为水滴,最终成为降雨。用碘化银催化降雨不需飞机,设备简单、用量很少,费用低廉,可以大面积推广。除了人工增加降水(雨、雪)外,碘化银还可以用于人工消云雾、消闪电、削弱台风、抑制冰雹等。

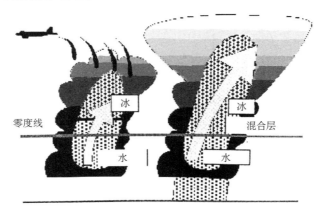

图 7.2　利用飞机进行积云动力催化示意图[7]

以上两种催化方法的相同之处和不同之处如下表 7.4 所示。

表 7.4　两种催化方法的异同之处

	相同点	催化方式	催化剂量
静力催化	影响对象都是过冷水云区,选用的催化剂都是冷云催化剂	将过冷却云层中的云水变成降水质粒	每立方米需 $10^3 \sim 10^4$ 个冰核
动力催化		用过冷云滴冻结时释放的潜热加强上升气流,使积云发展	每立方米需 $10^5 \sim 10^6$ 个冰核

人工影响冷云降水既可以选择冷云"静力催化",也可以选择冷云"动力催化",但是必须根据作业对象及当时具体的周边情况来进行判断选择,但人工影响冷云降水最常用的方法是"静力催化"。

(2)人工影响暖云降水

暖云即云顶高度低于零度层高度或者虽然超过 0℃ 层但云内不含冰晶的云,云体内全是由液态的小水滴组成。郎缪尔连锁反应表示:暖云中大、小水滴碰并也可以导致降水的形成,其为人工影响暖云降水奠定了理论基础。因此,暖云降水的形成过程是云内具有足够的较大水滴,然后这些较大水滴靠重力碰并过程而迅速长大为雨滴。暖云催化的大致流程如图 7.3 所示。

凝结增长过程是云滴靠水汽分子在它的表面上凝聚而增长的过程,冲并增长过程是云体内大小云滴发生冲并而合并增大的过程,在重力作用下由于大小云滴速度不同而产生的冲并过程称为重力冲并过程[8]。在暖云降水的过程中凝结增长和冲并增长这两种增长过程

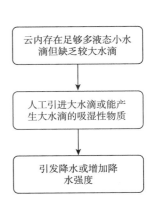

图 7.3　暖云催化流程

始终同时存在,但在云滴增长初期,以凝结增长为主,冲并增长为辅;但当云滴增大到一定程度时(直径在 $50 \sim 70 \mu m$)以冲并增长尤其是重力冲并增长为主,凝结增长次之。如图 7.4 所示为云中云滴随机碰并增长示意图。

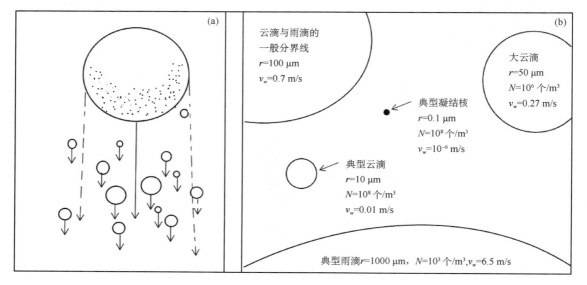

图 7.4　云中云滴随机碰并增长示意图[7]

(a)云中水滴的碰并增长;(b)云中各种粒子的大小

　　暖云自然降水的形成过程大致如下:上升气流携带水汽入云,以凝结核为核心,通过凝结增长过程生成云滴,再通过凝结和碰并增长过程形成雨滴下落到地面,形成降水。这整个过程最重要的是要形成能够引起重力碰并的大水滴,而这决定性的因素就是要有足够的凝结核的存在。因此人工影响暖云降水的基本原理就是人工地引进大水滴或者能够产生大水滴的催化物质从而诱发降水或者增大降水的强度。

　　计算表明,每克水能够形成大约几百万个大云滴,如果要催化 $10 \mathrm{~km}^3$ 的云体则需要好几吨水,因此向暖云中播撒大水滴的方法难以得到实际的应用。因此人工影响暖云降水的一般方法是向云内播撒吸湿性催化物质(盐粉、尿素等),由于其能在低饱和度下凝结增长,故可在短时间内形成数十微米以上的大滴,从而使云滴谱拓宽,加速冲并增长的过程,从而诱发降水或者使降水强度增大。

　　(3)地形云人工催化

　　地形云是由含一定湿度的空气在盛行风作用下,经地形抬升而形成的。开始时空气未饱和,在抬升过程中按干绝热减温率降温。常在一定高度达到饱和,通过凝结形成云层。云层下界与抬升凝结高度相当。一般出现在山脉的迎风坡,可以在山脊以下,或高出山顶。地形云是人工增加降水的首选目标,随着气流越过山地的云滴由于云中缺乏冰核,往往不能在到达背风坡之前的这一短时间内增长成降水粒子从而形成降水。所以人工影响地形云,通常是往云里面播撒相应的催化剂从而达到到人工降水的目的。

　　1949 年,贝吉龙率先提出地形云有着相对稳定的地形强迫作用,因此能够简化降水形成的动力条件,在地形云的云体内,云滴的温度、尺度和浓度,还有其与冰晶浓度之比可能满足人工影响降水的最佳的条件[9]。1955 年,Ludlam 提出地形云中所含的冰核数量有限,很难形成降水,因此可以通过人工播撒冰核来产生冰晶,再通过"冰—水转化"过程来形成降水[10]。地形云人工催化形成降水其实就是"静力催化"原理的一个实际的应用。地形云人工催化的大致流程如图7.5 所示。

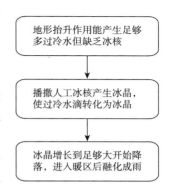

图 7.5　地形云催化流程

随后也有不少针对地形云的研究,结果表明,地形云的发展受地形影响很大,地形的抬升促进了云和降水的发展,地形的作用也改变了地面降水特征,使云的宏、微观物理结构发生较大变化[11,12]。地形高度变化对水平和垂直流场的大小和分布都有较大影响,地形高度增加有利于迎风坡附近水平风场辐合和垂直上升运动发展,这对云的垂直和水平发展影响都很大,尤其是对中高层云的发展影响最明显,并且能明显地扩大地面降水的分布范围,地面最大降水量也有所增多[13]。

7.1.2　人工增加降水技术与方法

在人工增加降水工作中,作业方案设计是非常重要的一环,并且也是一项极其复杂的技术工作,在适宜的地理背景和自然条件下,在适当的时机对关键性云体部位进行科学的作业技术方法得当的人工催化作业,有可能达到人工影响天气的目的。目前,人工增加降水的关键技术如表 7.5 所示,是如何选择合适的云,并在云中适当的部位播撒适当的催化剂,以达到理想的播撒效果。这就需要人工影响天气工作者对该地区长期的气象观测资料和云物理观测资料进行分析研究,建立该催化云系的作业技术指标。

表 7.5　人工降水的几个关键技术

关键问题	特征描述
选择合适条件的云	了解云的自然降水过程,包括云的宏观量和微观量:云厚、云中温度湿度、上升气流以及云滴、冰雪晶的大小和浓度、云中含水量等。
选择正确的催化方法	要针对具体云特点,采用优化作业方法;并且要把人工影响直接施加到能起作用的云中部位。
建立合适的识别指标	建立一套由云的宏微观量值组成的指标,以提前识别云的自然和人工降水的可能性,并要求这套指标的识别正确率达到 80% 以上。
进行科学的效果检验	采用每次人工降水作业,都进行人工增雨效果的监测和对比分析,以物理检验为主。全年作业,再进行全年的效果检验,即在物理检验的基础上,再做统计检验。

(1)前期准备工作

在进行人工增加降水作业之前,必须先得完成以下几项前期准备工作,如图7.6所示。

(2)人工增加降水作业指标

降水系统的天气气候背景往往十分复杂,不能按照单一的概念模型来设计作业方案,应该根据不同地区、不同季节、不同类型降水云系的人工增加降水的科学概念模式来确定相应的作业技术指标。接下来将根据以下流程图7.7来分别介绍人工增加降水的指标的选择。

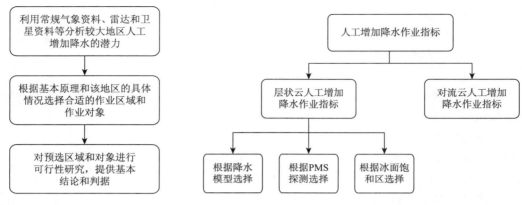

图 7.6　人工增加降水前期准备工作　　　　图 7.7　人工增加降水作业指标选择

1）层状云人工增加降水指标

层状云人工降水的作业指标又可以根据降水模型、PMS 探测、冰面饱和区这几个方面来选择作业指标。

（a）根据降水模型选择作业指标

根据历史上提出过的一些冷性层状云降水模型，提出了降水层状云的三层模型[14]，随后通过对观测资料的分析和数值模拟的研究[15]，初步验证和进一步深化了顾震潮的三层模型，如表 7.6 所示。

表 7.6　层状云降水三层模型[16]

层数	层的类型	粒子类型	主要微物理过程
第一层	冰晶层	冰晶	主要是凝华过程
第二层	过冷层	过冷水滴、冰晶、雪 少量冰粒、霰	冰晶雪的凝华增长，存在贝吉龙过程
第三层	水滴层	雪、霰 云滴、雨滴	雪和霰的融化 水滴的重力碰并

该模型比较全面清楚地说明了降水性层状云的物理结构和微物理过程，三层模型中包含了播种云—供水云结构，但播种云和供水云是相对的：第二层相对于第一层来说是供水云，使第一层落下的冰晶在第二层中长大；对于第三层来说，第二层也是供水云，该层雪和霰降落到第三层，融化成雨滴并继续长大。研究表明，虽然过冷层对降水的贡献最大，但同时暖层的贡献也不容忽视，三层中各层对云系降水量的平均贡献分别为：第一层约为 7%，第二层约为 54%，第三层约为 39%。因此，建立合适的层状云降水模型，对选择人工降水作业的对象，明确作业云的指标具有重要意义。

（b）根据 PMS 探测选择作业指标

综合分析层状冷云人工增加降水过程的雷达回波、粒子测量系统（PMS）探测资料和 GPS 定位资料[17]，提出了应以 PMS 的 FSSP-100 探头（云滴谱探头，可在任何天气条件下进行工作，是测量云粒子的重要仪器，测量范围是 $0.5 \sim 47~\mu m$，能够测量速度为 $20 \sim 125~m/s$ 的粒子，更大或更小速度的粒子可通过镜面修正而捕捉到）探测的云中粒子浓度以及 2D-C 探头

（二维光阵探头，可测量云中直径为 $25 \sim 800\ \mu m$ 的水粒子、冰相粒子的大小、形状和数浓度）探测的云中大粒子浓度作为判别云中可播性的主要技术参量，如表 7.7 所示。

表 7.7　层状冷云人工增加降水可播度判别指标[16]

2D-C 浓度($/cm^3$) ＼ FSSP 浓度	<20	≥20
<20	不可播	强可播
≥20	不可播	可播

如上表所示，FSSP-100 探测到的粒子浓度不小于 20 个/cm^3 才具有可播性，其中 2D-C 浓度小于 20 个/L 为强可播区。

（c）根据冰面饱和区选择作业指标

大气柱 0℃ 层以上的冷层如果达到冰面饱和水汽压 E_i，水汽就会在冰晶表面凝华，云中液态水也会通过蒸—凝过程向冰晶转移，在冰面饱和（$e-E_i>0$）的环境中冰晶会加速增长。而且，一般认为环境场达到饱和或准饱和时，播云后冰晶和雨滴在增长和下落过程中不易蒸发，增雨效率高。因此，准饱和湿层（$T-T_d \leqslant 2℃$）顶部、$e-E_i$ 大值区（冰水转化能力强的区域）为合适的播撒高度。然后再考查该高度内的气温是否在层状冷云"播撒温度窗"内，选择两者重叠的高度范围为最合适的播撒高度。

2）对流云人工增加降水指标

对流云是我国南方夏季主要的降水云系，也是南方人工降水的主要作业对象。通过综合分析，提出基层作业站点适宜开展人工增雨的催化指标，在实际应用中取得了良好的效果[18]，具体指标如表 7.8 所示：

表 7.8　对流云人工增加降水指标

降水指标	指标特征
反射率	组合反射率要大于 40 dBZ，超过 50 dBZ 要以防雹为主。
回波顶高	回波顶高在 8 km 以上，至少达到 5 km。
最大垂直液态水含量	达到 10 kg/m 或以上，作业前 30 min 内处于增长阶段。
强回波(大于 45 dBZ)面积	作业前半小时内均应呈现增长变化

（3）人工增加降水作业方法

1）作业步骤

图 7.8 所示是人工增加降水技术的作业步骤。

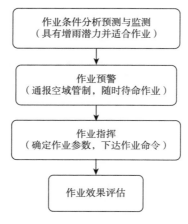

图 7.8　人工增加降水技术的作业步骤

2）作业目标区与对比区选择

作业目标区应根据作业目的、拟定作业区域内云的结构、性质和可催化的潜力等条件来确定，而对比区应选择与目标区在作业时段内相似的天气形势和云层条件。对比区的选择具体如表 7.9 所示。

表 7.9　对比区选择

判别因子	对比区选择
天气形势	对比区在对比时段所处天气系统中的部位与试验作业区作业时段相似
云层条件	作业时段前 1 小时对比区的回波顶高、回波强度、垂直厚度等参量与试验作业区相似

3）作业时机选择

人工降水的作业时机的选择很重要，过早或者过晚都不行，要选择天气系统移经本地区上空的前部和中部，在云系发展比较旺盛的时段进行作业，对处于消散阶段的云系不作业。根据人工降水机制的考虑和数值模拟结果，提出了层状云人工降水作业条件如表 7.10 所示[19]：

表 7.10　作业时机选择

判别因子	时机选择
发展阶段	云处于发展或持续发展阶段
上升气流	云中有比较深厚的上升气流
云顶、云底高度、温度和过冷层厚度	云底较低≤1.5 km、云顶高度≥4 km、$-24℃≤$云顶温度≤$4℃$、云厚较大≥2 km、过冷云层较厚≥1.5 km
冰面过饱和水汽区	在较厚的层次里有较大的冰面过饱和水汽值
过冷云水	存在过冷水>0.1g/m³
冰晶浓度	冰晶浓度较低<10^1/L

4）作业部位、剂量选择

在云底或者云内较低部位引入催化剂，核粒将以浸入冻结方式核化进入云滴，可能会使成核率大大降低，因此最好把催化剂直接送到适宜引晶的部位。以层状云为例，云中上升气流速度较小，催化部位宜高；凝华增长速率与温度有关，$-15℃$凝华快，聚集强，对冰晶增长有利，因此应选择温度相对低的过冷水区播撒。如表 7.11、7.12 所示，分别为主要催化剂在不同温度下的成核率和人工冰晶数浓度达到 20/L 所需的剂量。

表 7.11　主要催化剂在不同温度下的成核率(/g)[16]

催化剂 ＼ 温度	−6℃	−7℃	−8℃	−10℃
制冷剂(干冰)	$10^{12}/g$	$10^{12}/g$	$10^{12}/g$	$10^{12}/g$
AgI 烟弹	$3\times10^{11}/g$	$12^{13}/g$	$12^{13}/g$	$2\times12^{13}/g$
AgI 丙酮溶液新配方	无	$2\times10^{11}/g$	$6\times10^{11}/g$	$4\times10^{12}/g$
AgI 丙酮溶液旧配方	无	$4\times10^{10}/g$	$2\times10^{11}/g$	$10^{12}/g$

表 7.12　主要催化剂在不同温度下人工冰晶数浓度达到 20/L 所需的剂量(g/km)[16]

催化剂 ＼ 温度	−6℃	−7℃	−8℃	−10℃
制冷剂(干冰)	200 g/km	200 g/km	200 g/km	200 g/km
AgI 烟弹	600 g/km	20 g/km	20 g/km	20 g/km
AgI 丙酮溶液新配方	无	10^3 g/km	300 g/km	30 g/km
AgI 丙酮溶液旧配方	无	5×10^3 g/km	10^3 g/km	200 g/km

（4）飞机增加降水作业技术

1）垂直探测播撒

进行垂直探测的目的是在较短的时间、较小的水平尺度范围内获取到云和降水微物理特征的垂直分布。主要是了解不同层次云层的微物理特征,以及不同高度云层间的耦合特征,以便了解降水粒子的增长情况,为尽可能观测到降水粒子下落轨迹附近的各项参数分布,应结合降水特征与高空风分布状况,针对具体情况拟定垂直探测航线。飞机航线示意图如图 7.9 所示。

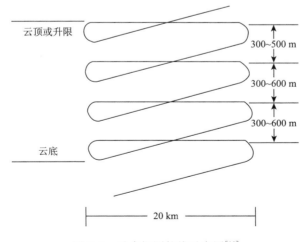

图 7.9　垂直探测航线示意图[16]

2)水平探测播撒

在层状云中,不仅在垂直方向,而且在较大水平尺度范围内,云和降水微物理量的分布是不均匀的。进行水平探测主要是了解在特定高度上云与降水物理结构的水平分布特征。飞机航线示意图如图7.10所示。

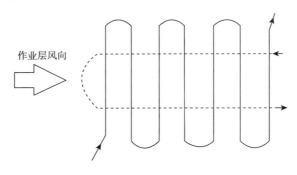

图 7.10　水平探测航线示意图[16]

3)垂直水平综合探测

垂直探测的目的主要是了解不同层次云的微物理特征,以及不同高度各层间相结合的特点,了解降水粒子的增长情况,因此,应当尽可能地观测到降水粒子下落轨迹附近的云物理参数分布。飞机航线示意图如图7.11所示。

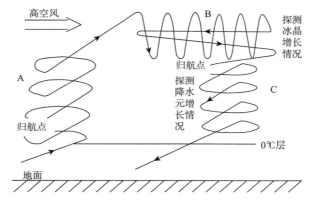

图 7.11　垂直水平综合探测航线示意图[16]

(5)地面高炮、火箭增加降水作业设计

1)高炮作业点布局原则

(a)高炮炮点布局必须在摸清当地雹灾、旱灾历史规律、天气气候特征、降雹地理分布(雹击线及雹击带)、时—空分布规律等情况的基础上.进行科学设计,经专家论证和主管机构批准设计方案后实施。

(b)根据当地防雹减灾、抗旱增水和发展经济的需求,一般在果园、棉花、茶叶、葡萄、烟草、大豆、芝麻等经济作物区、设施农业区及重点农业区和干旱需水区布设炮点,对开展高炮增雨防雹有迫切的需要,可望收到显著的经济社会效益。

(c)当地气象部门有一定的技术力量,高炮作业能在雷达等探测手段的直接指挥下进行。

(d)能逐步实现联网作业,特别是防雹作业,更需要联防、统一布局,才能收到更好的效果和效益。

（e）开展高炮防雹、增雨作业（试验）地区的政府、群众和社会环境能提供相应的保障条件。

2）高炮增加降水作业技术

（a）高炮作业系统

目前我国人工增加降水、防雹作业使用的高炮主要来自部队退役高炮，一般为 55 式 37 mm高射机关炮和 65 式双管 37 mm 高射机关炮，个别省市还使用了其他制式的 37 mm 高炮，如图 7.12 所示。

图 7.12　"三七"高射炮及炮弹

（b）高炮发射方式

高炮发射方式如表 7.13 所示。

表 7.13　高炮发射方式及其具体操作

高炮发射方式	天气系统的移动方向	引信特点及射击方式	弹着点分布形状
前倾梯度射击组合	云体呈前倾状态向炮位移来	用相同引信的炮弹，不同扇面和射角，弹距基本相等，迅速射击。	弹着点在云内呈上小下大前倾式梯形分布
垂直水平射击组合	云体呈立柱式状态向炮位移来	用相同扇面、低射角发射短引信炮弹，高射角发射长引信炮弹，弹距基本相等。	弹着点在云内呈立体垂直梯形分布
水平射击组合	云体逼近炮位	用相同扇面、低射角发射长引信炮弹，高射角发射短引信炮弹，弹距基本相等。	弹着点在云内呈平面梯形分布
同心圆射击组合	云体移到天顶	用低射角发射长引信炮弹，高射角发射短引信炮弹，连续旋转点射360°两圈，弹距基本相等。	炮弹在天顶周围同一高度上形成双层同心圆分布
后倾射击组合	云体刚移过炮位呈后倾状态	用相同或上小下大的扇面，不同射角发射相同引信的炮弹，弹距相等。	炮弹在云内形成一个后倾平面或梯形分布相继迅速爆炸
扇形连续点射组合	云体减弱或炮弹型号不全及数量不足	以相同引信的炮弹、相同射角、相同扇面、对云体的某一高度进行单发连续点射，弹距基本相同。	弹着点在云中形成扇形分布
侧向连续射击组合	云体经过炮点侧面	以云宽的 1/2～1/3 为扇面，以不同射角发射长引信炮弹，对准云的前部，进行侧向射击。	

（c）高炮人工增加降水技术方法

如图 7.13 所示是高炮人工增加降水技术的流程图。

3）火箭增加降水作业技术

新型火箭发射系统与其配套使用的火箭弹与我国人工影响天气专用高炮炮弹相比，它具有成核率高、催化剂量大、发射高度高、射程远等优点，其火箭发射系统与高炮比较，还具有便于操作、易于流动等特点。

（a）火箭作业系统工作原理

图 7.14 为自动播撒式人工影响天气火箭作业系统的工作原理和火箭运行示意图。如图所示，火箭在发射架上点火升空后，火箭上的延时点火机构

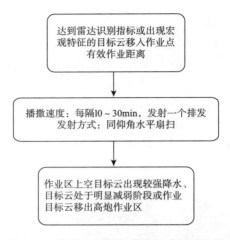

图 7.13 高炮人工增加降水技术的流程图

将催化剂点燃，于是，催化剂随火箭沿飞行弹道自动播撒，从而影响云的微物理过程，以达到催化作业的目的。火箭作业系统一般由发射架、发射控制器、火箭和有关配套设备所组成。其中，火箭是最重要的组成部分，其由弹头（安全着陆系统含伞舱）、播撒系统、动力系统（发动机）和尾翼四部分组成，如图 7.15 所示。其中，火箭发动机、催化剂播撒系统和安全着陆系统是火箭的关键部位，火箭发动机是推动火箭升空和前进的动力系统[20]。

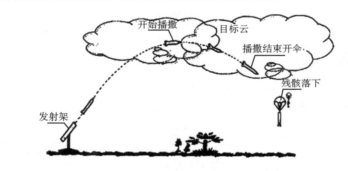

图 7.14 火箭作业系统工作原理[20]

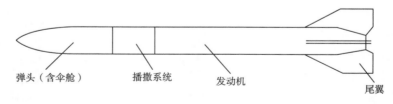

图 7.15 火箭结构示意图[20]

（b）火箭射击方法

火箭射击方式如表 7.14 所示。

表 7.14　火箭射击方式及其具体操作

火箭射击方法	作业时机	射击方式	适用情况
平面射击	当云层主体移近作业点时	以增雨火箭在回波中心的高度上所对应的最大射角作为固定射角,对云体作水平扇面射击。	适用于积状云水平尺度大、垂直尺度小、云内上升气流较弱的情况。
梯形射击	当呈前倾的积状云主体向作业点移来时	以回波中心的较低高度上所对应的最大射角为起点,逐一抬高射角,对云体作水平不同扇面、不同射角的立体射击。	适用于积状云垂直尺度较大、云内上升气流较强的情况。

(c)火箭人工增加降水技术方法

①播云方法

如图 7.16 所示,火箭运行轨迹顶 R 应接近播云目标区中心位置,$R_1 R_2$ 为播云水平距离。设计火箭的发射运行轨迹时,应使播撒限定在 $-15 \sim -5$℃ 范围内,最好在 -10℃ 层维持推水平轨迹。R_2 为最大作业距离,它决定了火箭发射站的布网间隔距离,但实际火箭站网间距决定于火箭型号、作业季节和地形高度。一般火箭燃焰飞行距离限于 $2 \sim 9$ km,最好在 8 km 以下,并应避免进入云系降水区。R, R_1 和 R_2 的位置均随火箭型号,发射仰角,延期点火具设定时间,环境风的风向、风速及其与火箭运行轨迹的相对位置以及地形高度而变化。还应注意到火箭在云中运行与自由大气中会产生一定的轨迹偏离。考虑到火箭的安全、稳定飞行,一般火箭发射架的仰角应处于 $45° \sim 65°$ 射角范围,最佳仰角为 $55°$。人工增雨作业时,发射的方位束宽可以比较大,视有利增雨云系的范围而定。

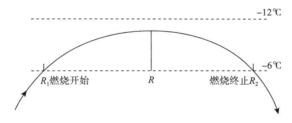

图 7.16　火箭运行轨迹及燃焰路径[21]

②作业开始时间和终止时间

开始时间:当达到雷达识别指标或出现宏观特征的目标云移入作业点有效作业距离时。

终止时间:当作业区上空目标云出现较强降水、目标云处于明显减弱阶段或作业目标云移出火箭作业区。

③火箭发射速度、发射方式和用弹量

发射速度:每隔 $10 \sim 20$ min,发射 $2 \sim 4$ 枚火箭弹。

发射方式:采用同仰角水平扇扫,其中层状云的扇扫角度应大于 $90°$,对流云或混合云则需要根据云层的实际宽度来确定扇扫角度;孤立对流云视云体大小发射 $2 \sim 4$ 枚火箭弹。发射方向应尽量选择云层移来的方向。

7.2 人工防雹

中国是世界上人工防雹较早的国家之一。人工防雹就是采用人为的办法对一个地区上空可能产生冰雹的云层施加影响,使云中的冰雹胚胎不能发展成冰雹,或者使小冰粒在变成大冰雹之前就降落到地面,最终达到削弱或减少冰雹的目的。

7.2.1 冰雹概念

(1)冰雹

冰雹是一种直径大于 0.5 cm 的冰相降水粒子,因为它直径大、落速快,只能在强对流云中形成,所以它是积雨云的降水物,而能够产生冰雹的积雨云又称作冰雹云。冰雹是由雹胚(生长中心)和雹块(雹体)组成。图 7.17 所示为冰雹切片的微结构,由雹胚和具有分层结构的雹块组成,其中(a)为均匀分层的雹,(b)为非均匀分层的雹,在雹增长初期其分层很密,后期很稀,常常是 1~2 层构成了雹块的主体尺寸。

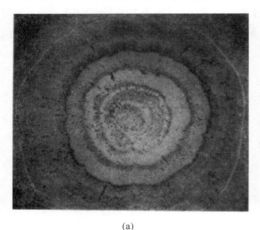 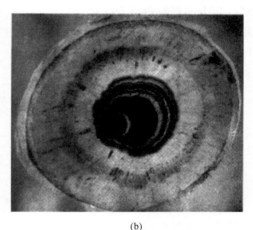

(a)　　　　　　　　　　　　　　　　(b)

图 7.17　雹的切片,中心为雹胚,雹块具有分层结构[22]

雹胚分为两类:一类是可以看清原生是冻结的雨滴(冻滴胚)或是霰(霰胚),另一类是区分不清的,则可定名为"其他"类。雹块具有明显的分层结构,这些结构包含着冰雹增长的机理,能够反映在不同的状态下增长的冰的不同的物理特性(透明度、气泡含量、晶体大小、局部体密度值等)。大雹块的分层数一般为 4~6 层,也有高达 28 层的特例。

(2)冰雹云的分类

一般根据以下的一些特征来对冰雹云进行分类:单体的生命时长、单体数目、单体在时空上的更新特征、单体群的整体形态。根据以上介绍的特征,冰雹云大致可以分为三类如表 7.15 所示。

表 7.15　冰雹云的分类

冰雹云类型	生命时长	单体数目	更新特征	整体形态
单一单体(单体)	短生命期(≤45 min)	只含有一个单体	随机的	线状的
多单体	短生命期	含一个以上的单体	有规律的	团状的
超级单体	长生命期(>45 min)	只含有一个单体	随机的	线状的

这三类冰雹云中,超级单体的比例虽然只占到总体的 10%,但是它所造成的雹灾害数量占总体的 80%,因此研究冰雹和人工防雹主要是研究超级单体雹云。

(3)冰雹云的发展过程

冰雹云的发展过程大致可以划分为以下五个阶段:发生阶段,跃增阶段,孕育阶段,降雹阶段和消亡阶段。图 7.18 所示为冰雹云发展的五个阶段。

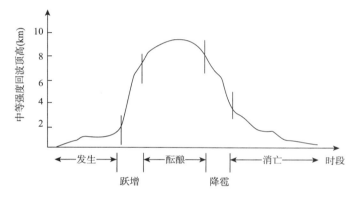

图 7.18　冰雹云形成演变五个阶段的模式[22]

发生阶段是从对流云初生到云体迅速发展之前的阶段,在这个阶段,云体不断地生消,垂直发展缓慢,雷达回波强度通常不大于 20 dB;跃增阶段是云体垂直发展猛增的阶段,云体回波强度不断增大,回波高度迅速增长,闪电频率也急速增加;孕育阶段虽然回波顶高、回波强度和闪电频数不再迅速增长,但是强回波区在扩大,是冰雹生长的时期;降雹阶段是降雹开始到降雹结束的阶段,随着不断开始地面降雹,回波顶高、回波强度和闪电频数快速下降。消亡阶段是指降雹云的分裂、瓦解和消散。

(4)冰雹的形成机制

冰雹的形成机制如图 7.19 所示。在强对流、不稳定性云中同时存在着大量的云水并伴有充足的水汽补充,因此温度在 $-20℃ \sim 0℃$ 甚至更低($-40℃$)时就会迅速形成许多小的冰雹胚胎,在云中强大上升气流的支撑作用下,这些小的冰雹胚胎会随着云系的移动而反复循环增长,直到上升气流不能承托其重量便会很快降落到地面。

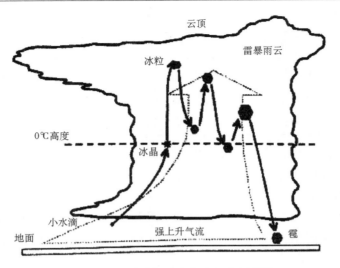

图 7.19　冰雹增长及降落过程示意图[13]

7.2.2　人工防雹原理

由以上冰雹的形成机制可见,冰雹产生的主要的条件是:云中有强烈的上升气流(通常速度大于 15 m/s)和充足的过冷却水分,只有这样云中的小冰雹胚胎才能在强烈上升气流的作用下不断捕捉云中的水分来使自身不断增大,才能不断地发展成为冰雹降落到地面。因此人工防雹的原理就是设法切断或减少小冰雹胚胎的水分供应。目前人工防雹的原理和途径如图 7.20 所示。

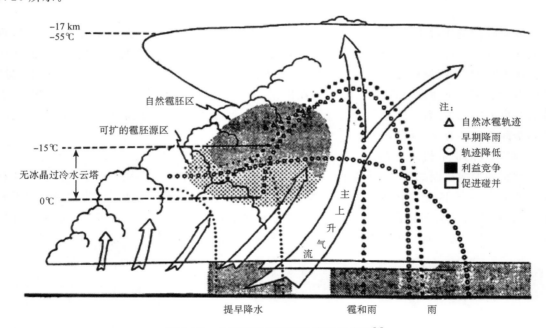

图 7.20　几种防雹原理概念模型示意图[7]

目前人工防雹的原理和途径大致可以分为"利益竞争"、"降低轨迹"、"提早降水"、"动力效应"、"云水冻结"、"促进碰并"、"爆炸效应"等。如表 7.16 所示。

表 7.16　人工防雹的原理和途径

方法	原理和途径
利益竞争	把比自然雹胚多得多的人工雹胚引入云体中，如果提供了足够的雹胚去"争食"可利用的过冷水，就可能减少局地过冷水量和雹块增长率，从而使其不能增长到足够大而在下落中融化成雨。
降低轨迹	由于冰雹在云中低海拔高度增长，故以减少这里的液态水含量和缩短冰雹在云中的停留时间来限制冰雹的增长。可用于对云播撒冰核或吸湿核，提早形成雹胚来实现。
提早降水	在雹云主上升气流底层迎风向的前侧，只存在过冷云滴的区域播撒人工冰核，导致在混合(相)云中粒子迅速长大到毫米级，这里的弱上升气流不能够承托它们而下落，从而脱离冰雹形成过程。这种雨的先期下落也消耗了过冷水量，并由向下的负载力和在底层蒸发引起的负浮力去削弱上升气流的强度。
动力效应	通过下沉气流的激发去弱化初期的雹云，或去激发一个区域中小而多的云发展，抢先释放那里的对流不稳定能。
云水冻结	播撒人工冰核使所有的过冷云滴冻结，从而不能再发生结凇和冻结增长，中止了霰和雹的形成。
促进碰并	激励雨滴增长并落到 0℃ 层以下，从而减少了冰雹生长区的液态水含量。

但是目前在我国人工防雹的实际应用中主要采用以下两种：一种是依据"利益竞争"的原理，向云中播撒催化剂；另一种是采用爆炸方法。

(1)播撒防雹原理

播撒防雹也就是"利益竞争"，即向云中播撒足够多的人工冰核或者吸湿核，与云中自然的雹胚"争夺"过冷水从而抑制自然雹胚的增长，使其不能形成冰雹。播撒防雹的理论认为，冰雹生长的过程中云中液态水含量总数不变，即

$$NR^3 = 常数 \tag{7.1}$$

其中 N 是雹胚数浓度，R 是冰雹半径。要增加多少人工雹胚才能起防雹作用呢？根据总含水量不变的假设，提出了冰雹半径与冰雹浓度的关系式：

$$R_s = R_n(N_n/N_s)^{1/3} \tag{7.2}$$

其中 R_n 为自然条件下生长的冰雹均立方根半径，N_n 为自然条件下生长的冰雹均立方根浓度，R_s 为自人工播撒后的冰雹均立方根半径，N_s 为自人工播撒后的冰雹均立方根浓度。如果在自然条件下冰雹浓度为 1 个/m³，则人工增加雹胚 3 个数量级($N_s = 1000\ m^3$)，则可导致冰雹的均立方根减少 10 倍。如原本落地的直径为 1 cm，则人工播撒后将减小为 0.1 cm。

(2)爆炸防雹原理

在目前的人工防雹作业中，人们使用高炮向云中发射人工冰核时常常伴随着爆炸，并且能够观测到爆炸产生的种种现象，这些现象在爆炸后几分钟内出现，动力性质明显，是用播撒剂作用难以解释的，所以需要探求爆炸作用的原理[22]。这跟播撒防雹有很大的区别，播撒防雹是根据原理假说进行作业设计，而爆炸防雹是在大量的试验中不断摸索，不断推理才得以形成相关的理论。

爆炸是一个十分短暂而激烈的过程，特征时间小于秒，属于高速(马赫数 $M>1$)空气动力学范畴，而观测到的云体或者降水变化则属于低速($M \leqslant 1$)大气动力学或者粒子动力学范畴。在归纳大量观测事实和分析爆炸物能力的基础上提出了空气爆炸影响气流的理论推测：爆炸(瞬时的)激起扰动气流场(可维持一段时间)，再通过扰动气流场与背景气流场相互作用，对背

景气流场产生明显作用(可维持更长时间)。通过大量的模拟试验,得到了与上述推测一致的现象,有力地验证了该理论的可信性,说明上述推测是爆炸影响气流的主要途径。

事实表明,能够产生大冰雹的雹云的悬挂回波趾部常常下伸到0℃以下,因此可形成大冰雹的雹胚会经历一个在0℃以下融化然后又进入上升气流再次冻结的过程。实验结果表明,爆炸可以使得$800~\mu m$以上的滴破碎到$800~\mu m$以下,如果爆炸使得融滴破碎成$800~\mu m$以下的滴,将会明显地改变它们的轨迹,阻滞它们进入上升气流的进程,因此爆炸防雹通常是炮击云中的这个部位。

7.2.3 人工防雹技术与方法

(1)人工防雹作业指标

冰雹是发展猛烈、突发性强的强对流性天气过程,其具有尺度小、生命期短、灾害性强等特点,应用常规天气尺度的气象资料难以跟踪和发现,因此,通常应用天气雷达对冰雹云进行跟踪观测,并根据获得的雷达资料来分析其发生、发展和演变的规律,并且建立相应的雷达回波判别指标。

1)冰雹云回波外形特征

(a)PPI上的回波特征

表7.17所示是冰雹云在PPI上的回波特征和具体判别情况。

表 7.17 PPI上的回波特征

PPI上的回波特征	特征描述	降雹判别
"V"形缺口	大冰雹粒子对雷达回波具有强的衰减作用,雷达探测的电磁波不能穿透主要的冰雹区,就会在冰雹区的后半部分形成"V"形的缺口。	表明云中已经存在许多大冰雹粒子。
钩状回波	在云中下部的上升气流区内缺少大粒子的存在,会形成一个弱回波区,反映在PPI上就是一个向云内凹入的钩状回波。	这是超级单体风暴的一种识别标志。
指状回波	是形如指头的主回波的突出物,但是尺度比主回波小,而且在指头与主回波的连接处具有很大的反射率梯度值。	这是雹云局部突然强化的标志,常常会发生中等强度的降雹。
"人"字形回波	是在两种性质和速度不同的气团边界上,受扰动造成的旺盛发展的对流天气。	这种回波常常出现较强的降雹。
弓形回波	是指快速运动、向前凸起、形如弓形的强对流回波。	通常伴随着冰雹、暴雨或龙卷等强烈天气现象。
辉斑回波(尖峰回波)	是冰雹云中沿强回波中心径向方向延伸出去的尖峰。	这是判断是否会发生降雹的一个重要条件。
回波的并合	两块积云的并合也会发展成为冰雹云。	这也是判断是否会发生降雹的一个重要条件。

(b)RHI上的回波特征

表7.18所示是冰雹云在RHI上的回波特征和具体判别情况。

表 7.18　RHI 上的回波特征

RHI 上的回波特征	特征描述	降雹判别
弱回波穹隆即弱回波区	超级单体风暴在 RHI 上会显示出从低空倾斜的升向云体中上部的弱回波穹隆	这是识别冰雹云的十分有用的指标。
强回波区高度	冰雹云的强回波中心高度比一般的雷暴的强回波中心高。	这是判别冰雹云的一个相当成功的指标。
初期回波出现高度	冰雹云初始回波出现在 0℃ 层左右。	这是判别冰雹云的一个重要的指标。
旁瓣回波	冰雹形成区回波特别强，在 RHI 上强回波顶上会出现尖锐回波，也即旁瓣回波。	它的出现预示着冰雹云即将或者已经降雹，旁瓣回波越长，则降雹强度或降雹可能性越大。
回波跃增	45 dBZ 强回波在短时间内（5~10 min）向上突增，出现"跃增增长"现象。	这是冰雹云从生长到成熟的一个重要特征，这说明不久之后就会出现降雹。

2）冰雹云雷达回波定量判据

表 7.19 所示是冰雹云雷达定量判据因子和具体判别情况。

表 7.19　冰雹云雷达回波定量判据

定量判据因子	指标特征
垂直累积液态含水量（VIL）	VIL 值在 50 kg/m² 以上，最大值可达到 70 kg/m²，但是远距离（≥100 km）的 VIL 值可信度较低。
45 dBZ 高度	$H_{45\,dBZ} \geqslant H_0 + 2.3$ km。
强回波顶高的温度	$T_{45\,dBZ}$ 在 $-20.0℃$~$-14.0℃$ 之间会形成弱冰雹云，$T_{45\,dBZ}$ 小于 $-20.0℃$ 就会形成强冰雹云。

注：$H_{45\,dBZ}$ 是雷达观测的 45 dBZ 的回波顶高，H_0 是 0℃ 层的高度，$T_{45\,dBZ}$ 是 45 dBZ 回波高度的温度。

（2）人工防雹作业方法

1）人工防雹基本步骤

根据具体的气象条件，一般进行的人工防雹作业的基本步骤如图 7.21 所示。

2）作业时机的选择

现有的防雹概念模式大致可分为两类：一类是针对新生单体的早期催化作业，一类是针对成熟单体的雹源部位进行过量催化作业。

表 7.20 所示是作业时机的选择。

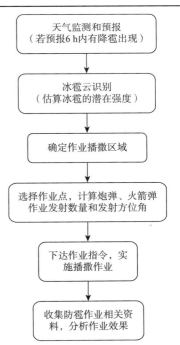

图 7.21　人工防雹作业的基本步骤

表 7.20 作业时机的选择

作业时机类型	作业时机选择
早期催化作业	在冰雹尚未形成的阶段,且回波在 0℃层以上的高度。
"跃增阶段"作业	作业于雹云爆发式增长阶段。
根据回波外形和定量指标作业	根据人工防雹作业相关的指标(特殊冰雹云的回波特征和定量回波指标等)开展防雹作业。

3)作业部位的确定

表 7.21 所示是作业部位的选择。

表 7.21 作业部位的选择

作业部位类型	作业部位的确定
作业的高度选择	人工降雹的高度区间应该在 −6℃层以上,播撒的厚度一般为 1 km 左右,有的也可达到 2 km。
作业的水平部位选择	决定于云的类型和发展阶段。
作业云体并合处	利用高炮或者火箭对准并合处发射,阻止他们继续合并加强从而发展成为冰雹云。

4)作业剂量的估算

(a)"三七"高炮炮弹经验用弹量

实践表明,一块冰雹云移经一个高炮作业点的用弹量大致如表 7.22 所示:

表 7.22 一块冰雹云移经一个高炮作业点用弹量(发)[16]

冰雹云类型	跃增阶段用弹量(发)	酝酿阶段用弹量(发)	用弹总量(发)
对称单体雹云	<50	<50	<100
超级单体雹云	50~100	>100	>150
点源雹云	<50	50~100	<150
传播雹云	<50	50~100	<150
复合单体雹云	<50	50~100	<150

(b)火箭作业剂量估算

火箭弹的发射数量只取决于播撒区体积 $V(\mathrm{km}^3)$ 和播撒区的含水量 $Q(\mathrm{g/m^3})$,则用弹量 M 满足以下公式:

$$M = \frac{VQ}{GFEn} \times 10^9 \tag{7.3}$$

其中 G 为 0℃层高度单个不成灾冰雹粒子的水质量,一般取 0.5 g;F 为催化剂成核率(个/g);E 为人工雹胚的形成概率,一般取 10^{-4};n 为一枚火箭的催化剂含量(g)。

7.3 人工影响天气的效果检验

人工影响天气的效果检验是一项十分重要但又相当困难的课题,是目前国内外人工影响天气所面临的亟待解决的重大科学技术问题之一。科学地检验和评估人工影响天气作业的实际效果,是人工影响天气工作的重要组成部分,也是检验人工影响天气科技水平的重要标准,对推动人工影响天气进展具有极其重要的意义[23]。近几十年来国内外进行了大量的外场试验,众多云物理工作者设计出了两大类试验方案,即随机化试验和非随机化试验。但由于随机化试验周期长、需要大量的试验样本等原因,在业务上很少采用随机化试验。而非随机化试验花费少、易获取增雨效果,在世界范围内广泛使用,因此接下来将着重介绍非随机化试验。

7.3.1　基本方法介绍

(1)统计检验技术

人工影响天气效果的统计检验技术是人工影响天气效果检验的基本方法之一,这种方法能在一定显著性水平上得出定量的增雨效果,并且便于评价作业的有效性和估算开支及效益比。主要原理如下:测量出人工影响后的降水量 R ,并通过统计来估算出自然降水量 R_0 ,则它们的差值 $E=R-R_0$ 就是人工影响天气的效果。统计试验通常分为序列试验、区域对比试验和区域历史回归试验等,如表 7.23 所示。

表 7.23　统计检验方法分类

方法	定义
序列试验	假定作业区自然雨量在历史上是平稳的随机序列,然后再以作业区的历史平均雨量来作为作业期的自然降水量。
区域对比试验	假定作业期自然雨量的空间分布统计上是均匀的,然后再利用同期对比区的雨量作为作业区雨量的估计值。
区域历史回归试验	假定对比区雨量的统计相关关系和历史上同类天气条件下的雨量的区域相关性相同,然后再利用对比自然雨量作为控制变量,对作业区的自然雨量进行统计推断。

序列试验由于雨量历史变率太大、天气形势不同、局地气候条件有异等问题,时常使得这种假设不成立;而区域对比试验由于地形条件差异等使得这种假设也时常不成立。区域历史回归试验这种方法相对比以上两种方法来说更加科学一些,但是历史同类天气条件的选择还存在着很多主观的因素。为了解决这些问题,国内外科学家提出了许多方法,如移动目标区方法[24]、浮动控制法[25~27]、非固定目标区增雨评估法[28]等。这些方法都在播云试验中得到了应用,并取得了一定的效果,但是仍然存在对比区和作业区相关性差、功效偏低等问题。随后相关气象人员在这些方案的基础上利用聚类分析,对非随机区域历史回归试验进行了改进,并引入物理协变量作为控制因子和雨量网格插值计算降水量,提出了一种新的试验方案——基于聚类的浮动对比区历史回归人工增雨效果统计检验方法(CA-FCM)。结果表明,选择合适的物理协变量作为控制因子以及提高影响区与对比区的相关性,可以增大自然降水量估计值的准确度,提高非随机化作业效果的评估效率[29],并且可以解决传统聚类分析所难以解决的数值分类或划区问题,可以减少分区的主观性和盲目性,提高效果检验的功效[30]。最近,有研究建立了基于 VB+MO(Visual Basic+Map Objects)地理信息系统二次开发技术,结合二维线源扩散方程,更加客观地计算出飞机播云不规则影响区的范围、面积与体积降水量的适用方法,并结合 CA-FCM 方法,实现了该技术方法在飞机增雨效果统计评估系统中的自动化应用[31]。

统计检验的各种试验通常假定自然雨量在时间、空间上是平稳的,但实际条件很难满足这些假设,因此效果评估的可靠性相应地也就降低了。所以,如何减少或消除这些因素带来的影响是统计检验效果评估中亟待解决的关键性问题。

(2)物理检验技术

人工影响天气效果的物理检验技术的目的一是通过观测检验对云施加人工影响后所期望

发生的一系列物理过程是不是发生了,另一个也是主要的目的是为统计检验结果提供相应的物理依据,并为数值模式的发展和模拟提供用于对比的基础数据。它是利用直接探测和遥感探测技术来探测播云对象的演变过程,验证播云假设的各个物理过程链和证实催化的效果。

1)物理检验的内涵

物理检验的具体内容大致可概括为以下两个方面:

人工催化前后云体宏观特征变化的分析,主要包括催化前后云体形状、上升速度和高度、云内的温度、湿度和垂直气流速度等参量的变化,以及催化云和非催化云之间、云体催化前后的雷达回波参量等。

人工催化前后云体微观特征变化的分析,主要包括云滴谱、云含水量、过冷水含量、雨滴谱、大粒子和降水离子浓度、冰雪晶浓度和谱分布、降水中 Ag^+ 含量等微观粒子的空间分布结构和时间演变特征。

2)物理检验的途径和方法

物理检验的途径和方法是按对云施加影响后所可能产生的一系列物理过程变化有敏感响应的关键参数的测量要求而选择的。其中包括云微物理响应参数、云动力学响应参数等。

(a)云微物理响应参数

云微物理参数是用以检验人工影响天气微物理概念是否合理,以及所采用的技术方法是否有效的最直观和最重要的响应参数。这些参数的测量有助于判断人工影响是否产生了预期的物理变化,从而明确如预期的这是一个有效的催化样本。人工增加降水效果检验的参数主要如表 7.24 所示。

表 7.24　人工增加降水效果物理检验的云微物理监测参数

时机	监测参数
催化作业前	液态云水含量、冰晶浓度、云核冰核的浓度、活性谱
催化作业后	冰晶或霰胚数量、过冷水含量变化、降水粒子形态、浓度、尺度谱变化

防雹效果的物理检验主要是对地面降雹微结构特征进行对比观测,利用测雹板观测雹粒子尺度谱已相当广泛,再进一步计算冰雹落地动能,用以检验防雹减灾效果。由于降雹的范围小、时间短,又是罕见的天气现象,观测要求的条件高,而测到的机会少,难度更大。对冰雹切片作同位素和晶泡尺度、气泡的测量已用于推测冰雹增长轨迹多年,但是还缺少用以检验防雹效果的物理依据和途径。

(b)云动力学响应参数

可采用飞机进行直接观测,在缺少直接观测手段的情况下,雷达是检验动力效应的主要手段。物理检验的动力学监测参数如表 7.25 所示。

表 7.25　物理检验的动力学监测参数

观测方式	观测参数
飞机	目测云的宏观特征,云顶特征(出现沟或隆起)、云的色调(变暗或变明亮等)以及光学现象的变化;飞机飞行平稳性的变化;飞机积冰状况的变化;云中含水量垂直与水平分布特征的变化;云中温度垂直廓线和水平分布特征的变化;利用专门的仪器观测动力参数。
雷达	回波顶高的变化;回波强度的垂直廓线和最强回波高度;回波水平和垂直向的尺度和强度梯度;回波持续时间。

　　不少的研究人员采用物理检验对人工影响天气的作业效果进行检验[32]，并且也有不少研究对物理检验进行了改进和突破，有研究尝试了从不同高度上寻找对比区，来进行作业效果的物理检验，取得了一定的效果[33]。也有研究提出了一种根据雷达回波参量自动选取对比云并进行效果分析的方法。试验证明：该方法实用性较强，能够快速识别出对比云，在一定程度上消除人为判别的误差，以提高对流云人工增雨作业效果分析的科学性[34]。

　　由于物理检验是为了有利于判断效果而采集与人工影响天气后的物理过程变化有直接关系或间接关系的物理学信息，因此物理检验所提供的信息对人工影响天气的科学概念的验证、人工影响天气技术方法的改进和作业方案的制定有重要价值。而物理检验的方案设计也需要建立在人工影响天气物理概念的基础上，特别是通过物理分析和云、降水数值模拟试验所揭示出的物理过程图像为物理检验的方案设计提供了十分有用的信息，只有通过周密的设计才能使物理检验所提供的信息具有更高的价值[35]。

　　（3）数值模拟检验技术

　　数值模拟检验是人工影响天气效果检验的基本途径，是一种宏、微观耦合的全过程的理论分析方法。它是根据云和降水的宏观动力学、微观物理学的过程及人工影响天气原理，针对人工影响天气试验的相关问题，建立一套描述云和降水以及人工影响天气过程的数值模式，然后求得数值解。通过模式模拟实验，不但可以了解降水是否因为催化而增多或者减少，而且可以了解在整个过程中是哪一个环节发生了变化，是各种物理量中的哪一种或者几种发生了改变，这样就可以有针对性地进行物理检验观测。主要的人工影响天气效果检验的模式如表 7.26 所示。

表 7.26　主要模式基本介绍

模式名称	模式说明
MM5 中尺度模式	第五代中尺度模式，非静力移动套网格格点模式，是具有数值天气预报业务系统功能和天气过程机理研究功能的综合系统，是较先进的中尺度数值预报模式。
WRF 中尺度天气数值模式	完全可压缩以及非静力模式，不仅可以用于对真实天气的个案模拟，也可以用其包含的模块组作为基本物理过程探讨的理论根据。
三维云数值模式（IAP-CSM3D）	该模式的动力框架是一个非静力可压缩的完全弹性方程组，云—降水微物理过程采用双参数谱浓度方案，能详细地描述云中各种粒子的形成、演变过程。

　　不少的研究利用数值模拟来对人工影响天气的作业效果进行检验，结果表明按照作业实况进行催化模拟具有一定的可信度，与实况相比也有较好的对应性，能取得不错的效果[36,37]。然而，现阶段云物理工作者们对云和降水的自然变化规律及人工影响天气的机制并未有十足的了解，建立的模式也还需进一步地完善，但从长远来看，用数值模式来对人工影响天气的效果进行评估会逐渐成为人工影响天气效果检验的主要途径，这已经成为人工影响天气理论研究相当重要的部分。

7.3.2　综合检验技术方法

　　人工影响天气效果综合检验将成为效果检验的一个极为重要发展方向，它由上述三种基本方法——统计检验技术、物理检验技术和数值模拟检验技术归纳得到，具体方法如下：

(1)收集各雨量站的历史降雨量数据以及场外综合探测数据。

(2)根据已有的数据,利用统计方法建立目标区自然降水预报的回归分析方程,并结合影响区实测降水量给出增雨量和增雨效果,并且对结果进行显著性检验。

(3)根据外场综合探测数据,分析作业前后云中相关物理参量和地面相关降水参量的变化,给出相应的物理基础。

(4)用人工影响天气云数值模式分别模拟催化前后的云所产生的地面降水量、降水强度和降水范围等特征参量的变化,计算催化增雨的效果,并分析催化增雨机制。

(5)综合以上各方面来分析人工增雨效果的好坏。

图 7.22 是人工影响天气作业效果综合检验技术的集成框图。

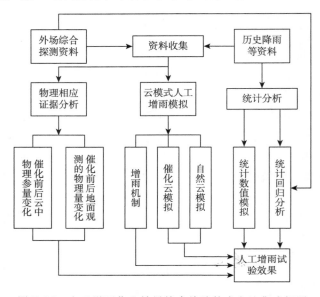

图 7.22　人工增雨作业效果综合检验技术方法集成框图

7.4　小结

本章主要对人工影响天气中人工增加降水和人工防雹的基本原理、相关作业技术方法和效果检验进行相关的介绍。近年来,我国人工影响天气研究获得了较快发展,在飞机观测和仪器研制、云和降水数值模拟和人工增加降水实用方法研究等方面处于有了快速的发展,并有一些研究成果得到国际同行的承认和引用。但目前人工影响天气仍是一项发展中的科学技术,尚存在许多关键技术问题亟待突破和解决[38]。

云降水监测和预测技术。应结合人工影响天气监测分析和催化数值模拟预测,建立综合的大气—云—降水和人工影响天气实时临测和模拟分析预报系统。

催化作业技术。人工影响天气作业在催化对象的选择、播撒时机和播撒部位的确定以及催化剂量的控制等诸多方面都要力求符合播云原理和当前的科学证据,方可能使作业达到预期的目的。为提高人工影响天气作业的成效,需开发研制新型高效的人工影响天气催化剂、催化作业工具及其优化播撒方法。

外场试验方案设计。根据国外的经验,应组织实施长期、稳定、分阶段、制订科学设计的人工影响天气方案,还应区分先行试验、验证试验和业务作业。

效果检验和评估技术。目前我国人工影响天气作业的规模与投入很大,但效果评估中物理仍显证据不足,科学基础比较薄弱,效果评估方法也是最薄弱的部分。需研究数值模拟和实测订正相结合的人工影响天气作业效果预测方法,形成物理学—数值模式—统计学相结合的既客观又实用的人工影响天气效果评估科学体系。

人工影响天气在今后的研究中要加强观测,重视观测和数值模式的结合,引进卫星、雷达等非常规观测资料以改善模式预报效果,提高对云和降水物理的理论认识和物理理解,进而指导人工影响天气的科学作业,使我国的人工影响天气研究再上一个新台阶,以期更好地满足国家和社会需求。

习题

[1] 什么是人工影响天气? 它的目的是什么?

[2] 简述什么是冷云静力催化? 什么是冷云动力催化?

[3] 层状云人工增加降水的条件有哪些?

[4] 人工增加降水的最佳作业时机是什么?

[5] 冰雹云发展有哪几个阶段? 请分别简述每个阶段云体的发展和变化特征。

[6] 简述播撒防雹的原理。

[7] 人工影响天气的效果检验方法有哪些? 请分别简述。

参考文献

[1] 郑国光,郭学良.人工影响天气科学技术现状及发展趋势.中国工程科学,2012,**14**(9):20-27.

[2] 夏松亭.现代人工影响天气的发展历史与启示.山东气象,2007,**27**(3):61-63.

[3] 中国气象局科技教育司.中国人工影响天气大事记(1950—2000).北京:气象出版社,2002,1-57.

[4] 中国气象局.中国气象年鉴(2005).北京:气象出版社,2005,68-69.

[5] 黄美元.我国人工降水亟待解决的问题和发展思路.气候与环境研究,2011,**16**(5):543-550.

[6] 杨军,陈宝君,银燕.云降水物理学.北京:气象出版社,2011,326-330.

[7] 郭学良,郑国光.大气物理与人工影响天气(上).北京:气象出版社,2009,264-277.

[8] 黄庚,苏正军,关立友.冰雪晶碰并勾连增长的实验与观测分析.应用气象学报,2007,**18**(4):561-567.

[9] Bergeron T. The problem of artificial control of rainfall on the globle. The coastal orographic maxima of precipatation in autumn and winter. *Tellus*,1949,15-32.

[10] Ludlam F H. Artificial snowfall from mountain clouds. *Tellus*,1955,**7**(3):277-290.

[11] 刘卫国,刘奇俊.祁连山夏季地形云结构和云微物理过程的模拟研究(Ⅰ):模式云物理方案和地形云结构.高原气象,2007,**26**(1):1-15.

[12] 刘卫国.刘奇俊,刘卫国等.祁连山夏季地形云结构和云微物理过程的模拟研究(Ⅱ):云微物理过程和地形影响.高原气象.2007,**26**(1):16-29.

[13] 廖菲,胡娅敏,洪延超.地形动力作用对华北暴雨和云系影响的数值研究.高原气象,2009,**28**(1):115-126.

[14] 周秀骥,顾震潮.关于云雾微结构和降水过程理论的若干问题.科学通报,1963,(6):1-7.

[15] 胡朝霞,雷恒池,郭学良,金德镇,齐彦斌.降水性层状云系结构和降水过程的观测个例与模拟研究.大气科学,2007,**31**(3):425-439.

[16] 郭学良,郑国光.大气物理与人工影响天气(下).北京:气象出版社,2009:357-415.

[17] 陶树旺,刘卫国,李念童,王广河,周毓荃.层状冷云人工增雨可播性实时识别技术研究.应用气象学报,2001,**12**(21):14-22.

[18] 唐仁茂,李德俊,袁正腾,等.对流云人工增雨雷达效果分析软件的应用.气候与环境研究,2012,**17**(6):871-883.

[19] 胡志晋.层状云人工增雨机制、条件和方法的探讨.应用气象学报,2001,**12**(21):10-13.

[20] 陈光学等.火箭人工影响天气技术.北京:气象出版社,2008:40-41.

[21] 中国气象局科技发展司.人工影响天气培训教材.北京:气象出版社,2003:190-202.

[22] 王昂生,黄美元,徐乃璋,徐华英.1980.冰雹云物理发展过程的一些研究.气象学报,**38**(1):64-72,doi:10.11676/qxxb1980.007.

[23] 李宏宇,稽磊,周嵬,等.北京地区人工增雨效果和防雹经济效益评估.高原气象,2014,**33**(4):1119-1130.

[24] 夏彭年.内蒙古地区层状云催化的条件和效果——介绍"移动目标区"人工增雨效果评估方法[C].人工影响天气(十一).北京:气象出版社,1998:33-40.

[25] Shipilov O I,Koloskov B P,Abbas A. Statistical evaluation of cloud seeding operation in Syria(1991-1993)[R]. *6th WMO Scientific Conference on Weather Modification*. Italy:Paestrum,1994,341-344.

[26] Abbas A,Mustafa A. Syrian rain enhancement project(1991—1998)[R]. *7th WMO Scientific Conference on Weather Modification*. Thailand:Chiang Mai,1999:118-120.

[27] Koloskov B P,Melnichuk Y V,Abbas A. Statistical estimation of cloud seeding operations in Syria (1991—1996)[R]. *7th WMO Scientific Conference on Weather Modification*. Thailand:Chiang Mai,1999:161-164.

[28] 段英,赵亚民,赵利品.飞机人工增雨非固定目标作业效果评估方法.人工影响天气(十一).北京:气象出版社,1998,76-79.

[29] 房彬,肖辉,王振会,孙海燕,黄美元.聚类分析在人工增雨效果检验中的应用.南京气象学院学报,2005,**28**(6):739-745.

[30] 翟羽,肖辉,杜秉玉,刘金华,姚展予.聚类统计检验在人工增雨效果检验中的应用.南京气象学院学报,2008,**31**(2):228-233.

[31] 孙跃,肖辉,周筠珺,金德镇,崔莲.基于 VB+MO 的一种在飞机增雨效果统计评估中不规则影响区计算的适用方法,气象,2015,**41**(1):76-83.

[32] 张瑞波,刘丽君,钟小英,等.利用新一代天气雷达资料分析飞机人工增雨作业效果.气象,2010,36(2):70-75.

[33] 刘晴,姚展予.飞机增雨作业物理检验方法探究及个例分析.气象,2013,**39**(10):1359-1368.

[34] 唐仁茂,袁正腾,向玉春,等.依据雷达回波自动选取对比云进行人工增雨效果检验的方法.气象,2010,**36**(4):96-100.

[35] 李大山等.人工影响天气现状与展望.北京:气象出版社,2002,345-349.

[36] 周筠珺,李哲,瞿婷,假拉.三维对流云模式对成都一次强对流天气过程的数值模拟研究.四川师范大学(自然科学版),2011,**34**(2):250-254.

[37] 陈小敏,邹倩,廖向花.两次飞机增雨作业过程数值模拟分析.气象,2014,**40**(3):313-326.

[38] 邓北胜等.人工影响天气技术与管理.北京:气象出版社,2011,7-10.